没错，我是化学元素周期表

郑立寒 著

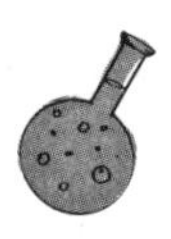

吉林出版集团股份有限公司

图书在版编目（CIP）数据

没错，我是化学元素周期表 / 郑立寒著. — 长春：吉林出版集团有限责任公司，2014.9（2022.7重印）

ISBN 978-7-5534-5286-9

Ⅰ. ①没… Ⅱ. ①郑… Ⅲ. ①化学元素周期表－普及读物 Ⅳ. ①O6-49

中国版本图书馆CIP数据核字（2014）第169359号

没错，我是化学元素周期表

著　　者　郑立寒
责任编辑　白聪响
策划编辑　李异鸣　杨　肖
封面设计　华夏视觉
开　　本　787mm × 1092mm　1/32
字　　数　125千
印　　张　7.125
版　　次　2014年10月第1版
印　　次　2022年7月第2次印刷

出　　版　吉林出版集团股份有限公司
电　　话　总编办：010-63109269
　　　　　发行部：010-81282844
印　　刷　天津文林印务有限公司

ISBN 978-7-5534-5286-9　　定价：42.00元

Contents

目录

第一部分　金属

Contents

目录

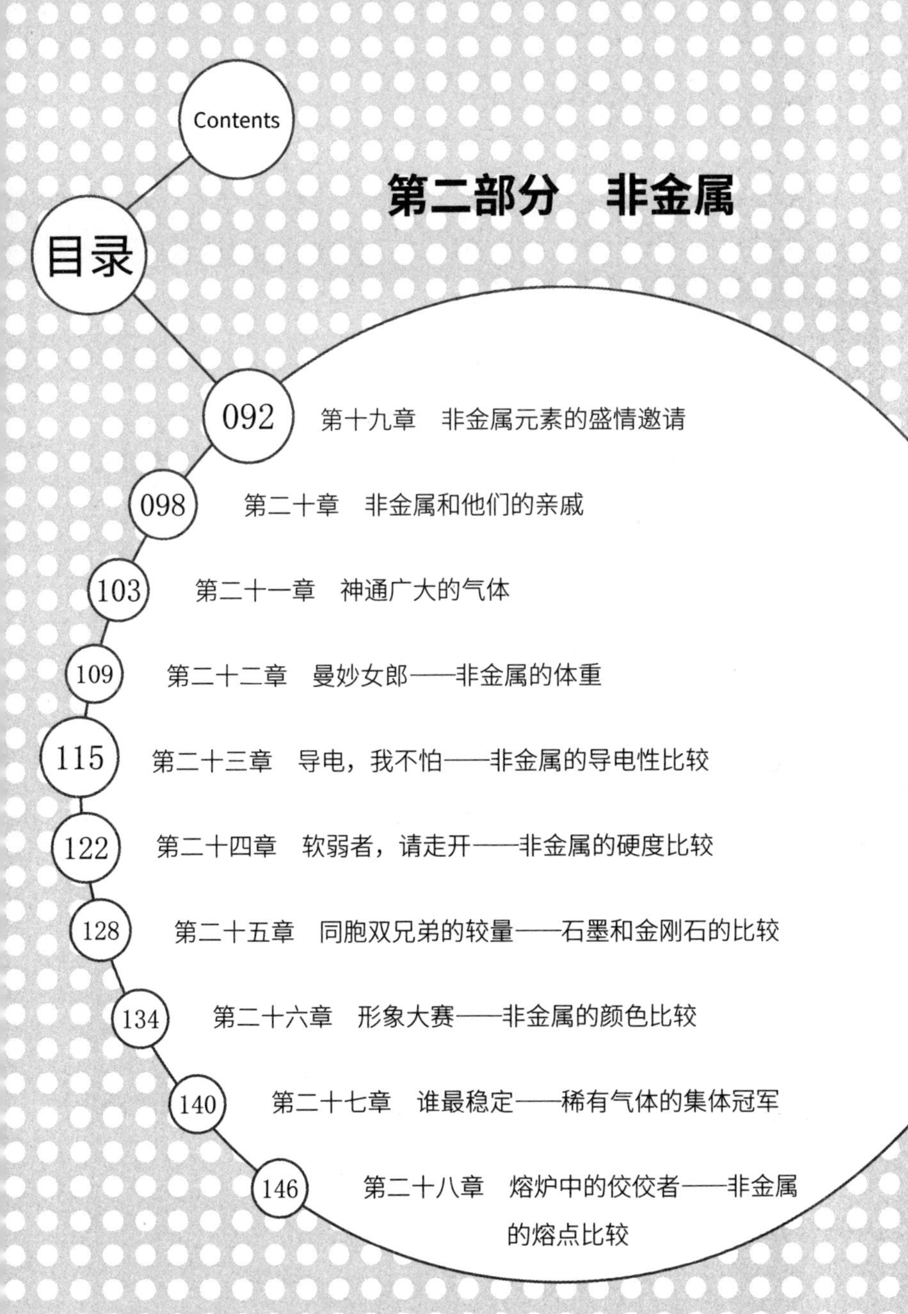

目录

Contents

第二部分　非金属

Contents

目录

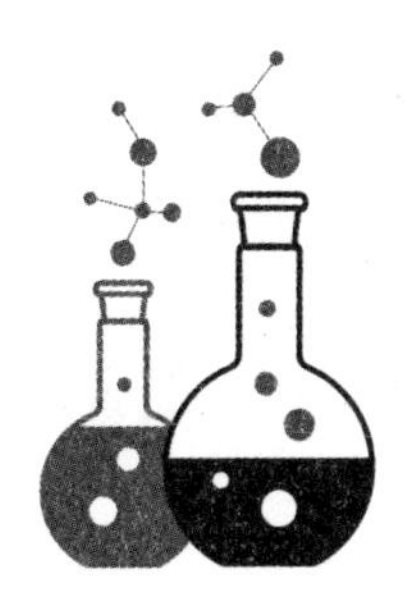

第一部分　金属

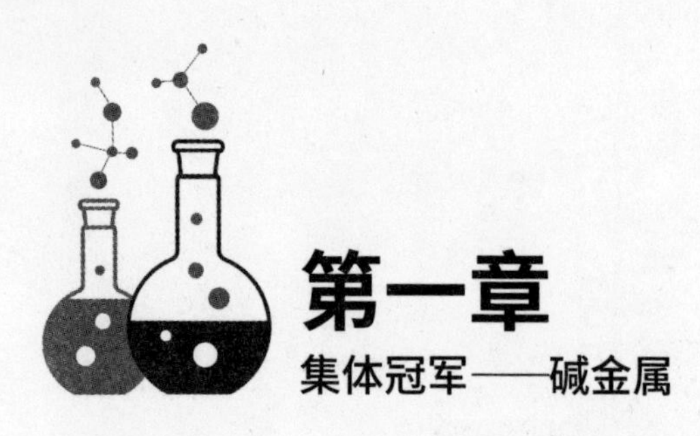

第一章
集体冠军——碱金属

难以置信的运动会

我和铁大哥刚下车，还没进入运动会现场，就不断地听见一些金属在旁边议论纷纷。一个不知名的金属说道：“听说，今天的金属运动会特别精彩。”另一个金属打着一把很好看的太阳伞，好奇地问：“为什么啊，不都是运动会吗，有什么不一样吗？”“这你就不知道了吧！据内幕人员告知，这次运动会的项目特别多，而且运动员都是经过充分准备的，不知道在私下里排练了多少回，如果不看就太可惜了。”随即他对没有来参加比赛的金属发出一阵的唏嘘声。

现场就像一个大火炉，热气沸腾的。我第一次有幸被邀请

金属运动会
Fe

来参加金属运动会，心里美滋滋的。因为以前对很多金属都不了解，比如说铅、银、汞啊，不知道他们都不能溶于水。多亏铁大哥带我来参加这次金属运动会，让我大开眼界。如果没有来，就看不到这么精彩的“好戏”了，肯定会后悔死的。

单这个运动场就足够气派，比我们学校里的田径运动会的场地还要大，还有那些奇奇怪怪的运动员和观众，就像我们之前见到的，围着咖啡色头巾的硝酸盐大嫂，还有穿着大衣，戴着面罩、手套的碘化钾小妹妹，今天都让我一饱眼福，想到等一下还有精彩的比赛，心里就特别激动。“运动会现场怎么样？”铁大哥问我。“太酷了，从来没有看见过这样庞大的队伍，也没有想过金属运动会会是这个样子！”我嘴里说着，眼睛却交接不过来。想起之前问小铁人的那些奇怪的问题，为什么运动场的座位都隔那么远啊，为什么有些金属还要随身携带雨伞啊，还有些金属需要全身“武装”啊，心里只好暗暗发笑。不知道小朋友们看完《金属总动员》之后，知不知道答案，如果不知道的话，可以请教爸爸妈妈，或者再回顾一下。孔子爷爷不是说，温故而知新吗，相信小朋友的记忆力很好，一定都知道答案。

哎呀，我都差点忘了我还有“任务”在身，作为一名记者，我应该好好地采访、了解一些事情，然后好好地把它们记录下来，等回去之后，我就可以骄傲地炫耀一下，告诉爸爸妈

妈和老师同学，他们肯定会乐开花的，说不定爸爸还会奖赏我，到时候，我该要什么礼物呢？

想起上次，刚刚看完少儿频道，爸爸就考问了我一道题目：我们经常吃的食盐含有什么金属啊？当时我没有认真看电视，所以回答不上，囧得我当时就想找个地缝钻进去。如果现在再问我这些题目，我肯定都会了。心里正乐着，铁大哥走过来，轻轻地拍了拍我的肩膀，吓了我一跳。

“金属运动会（在《金属总动员》中，我们经常提到的金属运动会是指没有放射性的、不含杂质的纯金属的运动会，运动会主要是比较金属的延展性、硬度、活泼性等）就要开始了，你准备好了吗？”

“嗯，准备好了。”我点点头，握紧拳头，表明我的决心，然后拿起纸和笔。

“好的，那我们一起去看看吧。”铁大哥说。随后，我就跟着他一起到了第一场比赛的现场。不用猜，那里的气氛肯定特别火爆，观众围得水泄不通，摩肩接踵的，只听见一阵热烈的“加油”声，震耳欲聋的。谁让我是记者呢？也该趁机好好地利用我的优势。“请让让，请让让……”借着记者的特殊身份我和铁大哥就挤进去了。

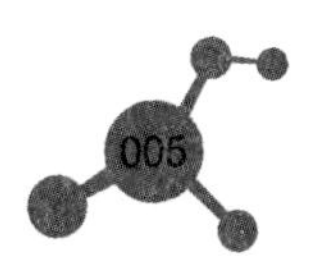

银色家族

第一场比赛是比较团队中的活泼性，相当于我们的拔河比赛，但是呢，这个可不是谁的力气大谁就能获胜的，它主要是比较金属和水的反应。虽然我们家里经常用的器具，如铁二十六、铜二十九、铝十三好像都能和水待在一起，可别忘了，还有其他特别的，那些你不知道名字的金属哦，今天让我们一一见识一下吧。

比赛刚开始的时候，钠十一就直接扑进水里，只见他漂浮在水面，四周慢慢地开始有气泡冒出来，于是他趁势在水中做各种姿势，像蝴蝶一样翻腾着翅膀，当他出来的时候，赢得观众一阵热烈的掌声。最后的一位选手是铯五十五，他一出场，全场轰动，我正疑惑不解，“铯五十五是这里面最强的，他是冠军种子，等一下看看，你就知道了。”铁大哥贴着我的耳朵说。原来是这样，他肯定是无与伦比的，这更是让我期待。只见铯五十五慢腾腾地进入水中，刚提起脚尖接触水，就发出震耳欲聋的爆炸声，连水都愤怒般地噗噗沸腾了，气体如飞龙跃然而起，还没等我仔细地观察他的样子，他就如离弦之箭奔进了专车里。

在第一场比赛中，获胜的是碱金属团队。下面我们就去问一下锂三大哥的获奖感言吧，看看他们碱金属还有什么特别的

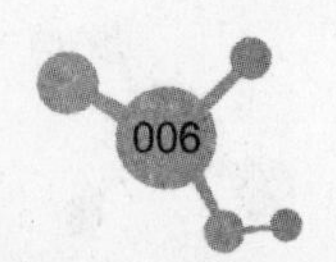

本领。

刚获得了团体活泼性第一名，锂三大哥就按捺不住性子地对我说：“我们碱金属兄弟总共有六个，钫八十七因为有放射性，所以他没有来。别看我也是金属，我是我们家族中体重最轻的一个，你看到钠十一的表现了吧，我，他，还有钾十九都比水轻，除了这个本领外，我还能漂浮在煤油上。”听见我啧啧的赞扬声，他更加得意了，“除了铯五十五略带金色光泽，我们余下几个都是银白色的。”说着，锂三大哥撸起袖子，露出银白色的手臂，他的牙齿也是银白色，闪亮闪亮的。“我们就是因为太容易被氧化，很容易变暗，所以才需要特别保护。”

难怪，他们都是坐着自己的专车过来的，他指着自己的专车——“液体的石蜡”：“喏，那就是我的家，我一般都住在那里面，其他的兄弟姐妹也是住在煤油或者石蜡里。”他怕我听不懂，解释道：“空气中有氧气，我们又太活泼了，很容易发生冲突，也就是生成氧化物。”这时他感到特别不好意思，情不自禁地挠挠头，傻呵呵地笑。

他看见我貌似懂了，又自豪地说：“我们都会游泳，一碰到水，我们就会变得特别兴奋。我们可以在水中翻腾，还可以仰游。”他边说边做各种姿势，连我这只小旱鸭看了心里都痒痒的，特别想扑进水里，尝一尝仰游的滋味。停了一会儿，

他接着说，“这个时候，水就噗噜噗噜地沸腾，还有气泡冒出来，那种很难闻的气味，是氢气，世界上最轻的气体。一般情况下，你们经常见到的是我们的舅舅，盐类一族，就像你们食用的盐。”当我问及“是不是氯化钠”的时候，他点点头，还称赞了我一番。

神奇的焰色反应

锂三大哥说得有点累了，“扑哧”一声，他点燃了一根烟。那根烟也是锂元素做的，一股紫红色的烟雾袅袅上升，像烟火，极其绚丽。我目瞪口呆地望着他，他有些不好意思起来，然后将烟灭了：“是不是气味很难闻？”我摇摇头说：“这个好漂亮啊，像烟火！”

他点点头，继续说道：“这个叫做焰色反应。焰色反应是某些金属或他们的化合物在无色火焰中灼烧时，使火焰呈现特别的颜色的反应。这些是只有某些特殊的金属才有的特点哦。”说着，他眼神里显现出些许骄傲。

“那么，是不是只有你们碱金属才有这样的反应？”

“不是的，很多金属离子都有这样的特性，并且不同的金属的焰色反应都不同。如果是钠十一，你就会看到黄色的焰火。”

我们说得正高兴，钠十一就过来了，微笑着问：“你们

在说什么呢，怎么在背后说起我来了？”锂三大哥说：“说曹操，曹操就到了，你看，幸好我们没有在背后说他什么坏话。”铁大哥建议：“钠十一，你是不是也给我们表演一下你的特长呢？”然后我也开始缠着钠十一，硬要他表演一场焰色反应。

“哎，真拿你没办法，谁让你是我们的小记者呢？”钠十一飞快地扑向火丛中，黄色的火焰迅速燃起。我正打算记在本上，焰火就没有了，急得我像热锅里的蚂蚁。“没事，我跟你说吧，你慢慢听就懂了。”锂三大哥安慰我，“像我们家族成员中，我的波长是最长的，发出紫红色的火焰；钠十一，你刚才也看到了，是黄色的火焰，就像昏暗的灯发出的星火；钾十九，只有通过钴玻璃才能看到淡紫色的色彩……”

我挠了挠头，不好意思地插话说：“为什么要钴玻璃啊？”“这个嘛，因为化合物钾中总是掺杂钠十一的杂质，黄色对淡紫色是一个很大的干扰，只有透过蓝色钴玻璃才能分清楚啊。”锂三像个大哥哥一样耐心地给我讲解，我有点不好意思了，点点头，微笑着说：“这样子啊，我懂了。”然后，锂三大哥顿了顿，继续说下去：“铷三十七呢，他的火焰是淡紫色的；还有铯五十五，他会发出蓝色的火焰。你还有什么不懂的吗？”

“暂时没有了，谢谢！”

“好，那我就考考你，这个焰色反应是物理反应，还是化学反应？”

“肯定是化学反应啊！”我不假思索地答道，看见锂三皱了皱眉头，我又弱弱地问了一句：“不会是物理反应吧？”锂三点了点头，明确表示是物理反应。看来，我什么都不懂，这次人丢大了。锂三大哥特别善解人意：“没关系，小丫头，你现在还小，以后可以慢慢学啊！”正说着，他看见氮气来了，就捂着鼻子匆忙走了……

我不解地问小铁人，他摸摸我的头：“你这都不懂啊，因为锂三不能和氮气小姐独自待在一起，不然，他们肯定会吵得沸沸扬扬的。”“哦，原来是这样啊。”我似懂非懂地点点头。难怪，除了锂三外，钠十一他们几个都去参加比赛，氮气小姐跑去凑热闹，然后锂三远远地就闻到了氮气的味道，所以才没有去比赛，只好站在一旁远远地观看。

看来，他们的关系比人类的关系还要复杂啊。

走出运动员休息室，我打算去观看选美比赛，突然看见一个背影很像锂三大哥，本来是想和他打招呼的，还没开口，就看见那个人转过头来，原来是铷三十七。“他也在现场啊，为什么他没去参加比赛呢？”我的心里正犯嘀咕，没想到铷三十七主动和我打招呼示好。

“你们碱金属好像是六胞胎哦！”

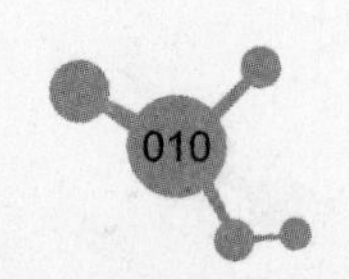

“嗯，我们有很多相似之处呢。”他看见我半信半疑地望着他，就罗列了几点，“我们的朋友都差不多的，比如铁大哥就是我们共同的朋友，汞小姐和我们就不能和谐相处。还有我们都有很好的导电性、导热性，另一方面我们还都很活泼，很容易失去最外层的那一个电子……”

选美比赛好像开始了，那边都已经敲锣打鼓了，我们就一边听铷三十七讲，一边往选美比赛现场走去。

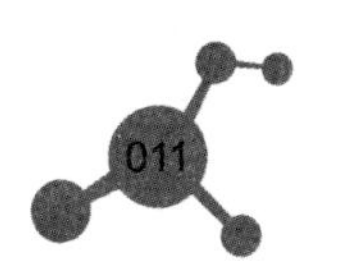

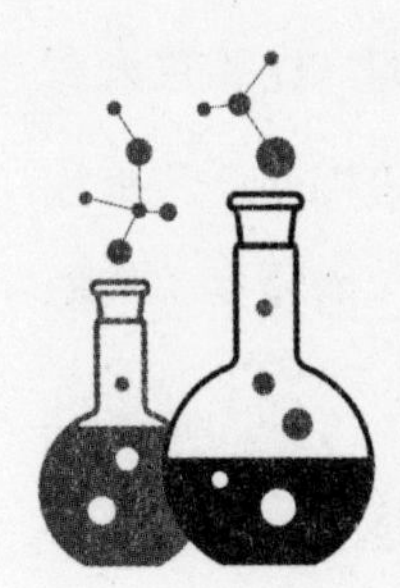

第二章

选美比赛——光泽度和色泽的比较

开场戏

选美比赛，这个可是我最爱看的节目了，之前只是看过电视里的美女都去参加选美比赛，镁光灯下的她们，简直就像是神仙姐姐一不小心坠落到凡间，美极了。没想到，我还可以看到一场真实的选美比赛。看着我一脸陶醉的表情，铁大哥解释道："这不是你们现实生活中的选美比赛，我们的选美比赛主要是比较金属们的光泽度和色泽度，这个是每个金属都具有的性质。你知道光泽度吗？"见我摇摇头，铁大哥就一本正经地跟我讲："光泽度，是指来自试样表面的正面反射光量与在相同条件下来自标准板表面的正面反射光量的百分比。"

我迫不及待地想看比赛，于是问铁大哥：“哦，那应该怎么决胜负呢？”看着我疑惑不解的眼神，他想解释，谁知道，金七十九小姐早就沉不住气了，急忙地跑到了表演台上。她嫣然巧笑，确实为她增加了不少魅力。赤金色的身躯，闪烁着黄灿灿的金色，难怪她像明星一样，使那么多的人都拼命去追逐，也许大家都喜欢黄金饰品吧。“你看看吧，等一下谜底就会揭晓了。”铁大哥说。

接着身边的几种金属在低声细语：“这次金七十九小姐肯定能赢，我支持她。”金七十九小姐一上台，其中一个就兴奋地拍手鼓掌，另一个稍微迟疑了，有点不太相信：“我喜欢铂七十八小姐，她比较内敛谦虚。”身边的每个金属都在给自己的偶像打气加油，看来，这次比赛必定精彩绝伦。看着她们群芳争艳，说不定比现实中的选美比赛还要精彩呢。

“黄金是金属中的贵族，如果把极细的金粉掺到玻璃中，可以制得著名的红色玻璃，也就是‘金红玻璃’。真正的黄金是‘七青八黄九紫十赤’。”金大哥自告奋勇当起了我的解说员，我挠挠头，不好意思插话，只好在一旁傻笑。铁大哥也看出来了我的疑惑，他摸了摸我的脑袋：“孔子不是说过一句名言吗？‘知之为知之，不知为不知，是知也。’七青八黄九紫十赤是指，青黄色的含金量为70%，黄色的含金量为80%，紫黄色的含金量为90%，赤黄色的含金量几乎为100%。”我的

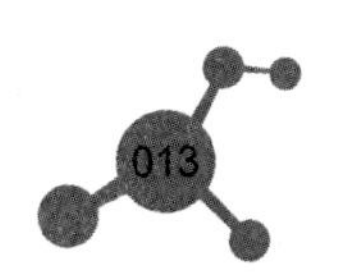

Pt
Au

脸都羞红了，一片绯霞弥散在我脸上，不停地说："谢谢，谢谢。"

这次，轮到铂七十八小姐展示了。只见她优雅从容地上场，台下立刻一片惊叹声，混合着鼓掌声。一看她就是姿色非凡，容颜焕发，名副其实的高贵优雅的代名词。"铂族金属色泽向来都是非常美丽的，纯净的铂呈银白色，具有金属光泽，那种光泽是自然天成的，历久不衰的。"铁大哥在旁边解释道。紧接着又有很多金属小姐上场：穿着紫色丝绸的铜二十九小姐、蓝灰色的铅八十二、"粉红女郎"铋八十三，还有穿着深灰大衣的钴二十七、灰色的镉四十八，余下的几乎都是穿着银白色的金属小姐，比如铝十三、镁十二……

比赛宣言

"就你这样，还敢来参加选美比赛？"身边的锰二十五嗤嗤地笑了两声。"那你还敢站在舞台上吗？"铝十三小姐以牙还牙地针锋相对，"只有对自己有信心的人，才会站在舞台上让别人去欣赏自己的美，把自己的美展现给别人看。"锰二十五脸色立刻就变了，脸部的肌肉都在抽搐，这个可是她的痛处，因为她长期都穿着一袭黑色的大褂，从来没有改变过。

舞台上更热闹，金七十九小姐一点都不泄气，她对自己的外表非常自信，还自告奋勇地自诩为"最美丽的金属"，她

说：“如果我被评为美丽天使，我一定会去参加公益活动的，多多为公益宣传，希望大家都支持我。”最后还加了一句：“选我绝对没错！”

铂七十八小姐步履轻盈，拿起手中的话筒，温文尔雅地说：“我相信我绝不是金丝鸟，一个人不应该仅仅有魅力的外表，漂亮的脸蛋，更重要的是要有一颗爱心。”台下立刻响起一阵热烈的掌声，轮到“粉红女郎”自我展示时，她的脸羞红了一片，她温柔地说：“这次是我第一次参加选美比赛，我也不知道该说些什么，如果大家认为我可以作为形象大使——”她断了断，不好意思地转移话题：“希望大家喜欢我！”这时候现场很多人都高举着写有“铋八十三，你是最棒的！”之类字样的彩色横幅。那些观众肯定都是铋八十三小姐的亲朋好友。他们都异口同声地高呼道：“铋八十三，你是最棒的，我们都支持你！”铋八十三听到这些话，眼眶都红了。

一决高低

金七十九这时开始有点紧张了，看见很多人都支持铋八十三小姐，心里像打翻了五味瓶似的，什么滋味都有。她只好默默地祈求上帝，一定要让自己获选，另一方面也开始私底下拉票了。这时，群众开始起哄了，评委也发愁了，应该怎么办才能让比赛继续下去？

当大家一筹莫展的时候，我突然想起了一件事，家里的一件铁具生锈了，然后爸爸给它踱了一层铬金属，当时我就很好奇：为什么要用这个呢？记得爸爸随口说了一句："因为这个的光泽度比较高，如果想要知道光泽度的时候，可以用金属光泽度仪来测量……"我私底下把这件事告诉了铁大哥。

当铁大哥把金属光泽度仪拿到现场时，全场顿时沸腾了："好聪明啊，这么好的办法都想得到。"大家一片赞扬声。"不是我啊，是小嘉的点子。"铁大哥指着我。看见大家惊叹的眼神，我心里瞬间开满了鲜花，这多亏了爸爸，才让我大展身手了一回，以后可要好好地学习了，说不定还有用到之处。

期盼已久的答案终于揭晓了，一看结果，金七十九都傻眼了，不过，也于事无补，只有具有真本事才能不被人揭穿啊，于是，金七十九小姐只好灰溜溜地逃走了。

铂七十八小姐和铬二十四小姐的光泽度比赛得分最高。大家也都向她们投去羡慕的眼光，还说了不少的赞美之词："我就说嘛，铂七十八小姐那么漂亮那么有气质，肯定会选上的啦。""祝贺你啊！"铂七十八小姐一一笑着回应："谢谢，谢谢！"

在色泽度方面，铋八十三小姐占有绝对的优势，那身粉红色的衣服让她容光焕发。铜二十九小姐也不逊色，被称为"紫色仙子"。所以，她们两个被评为"最佳形象者"。

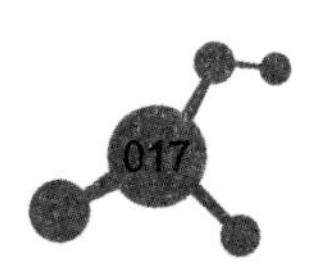

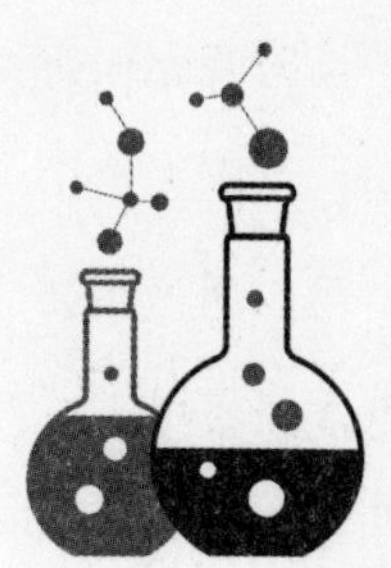

第三章

互不相让的邻居——延展性

展性比赛

这场延展性的比赛，金七十九小姐也报名参加了，看来，她应该准备得很充分了。“你还参加了这场比赛啊，看来勇气可嘉啊。”听着钡五十六对自己的挑衅，她没有搭理，仰起头就走了，弄得钡五十六一个人倒没意思。

后面隐约听到关于金七十九的议论：“金七十九小姐绝对是一个不服输的人，这样的人真的很值得欣赏，不管怎样，她的美丽也是有目共睹的，不然，她怎么有那么多的追求者，每天不是鲜花，就是掌声。她的自信也是一个优点。”另一个金属接着说：“我看她刚才的态度，明显就是太高傲了，她那哪叫自信，简直就是自恋。”这时，对方没有再说话。我们可千万不要随便去议论别人，免得跳到黄河里都洗不清，我心里默默嘀咕着。

这次铂七十八小姐也参赛了，她的参赛宣言改成了“如果对自己都没自信，还有什么资格说别人的是非呢？”这样的台词又赢来了不少粉丝的追捧，还为她加了不少形象分。

“鉴于之前所有的比赛都是先比延性，后比展性，这次为了体现公平，所以延性比赛和展性更改了次序，首先是展性比赛。”主持人在那儿热血沸腾地说着，我瞅了一眼金七十九，看见她好像自信满满的样子，我就问铁大哥：“为什么上次比赛，金七十九小姐输了，她还这样理直气壮地继续参加比赛啊？”“你这就不懂了吧，你没听过吗？真金不怕火炼，是金子在哪里都会发光。”我越听越糊涂了，被弄得一头雾水。铝十三在旁边偷偷地笑，我更加莫名其妙了，然后铝十三还是忍不住说：“这个是她的强项。”看到我没那么迷惑了，他继续说：“每个人都必须知道自己的优势是什么，不然，每次都是拿着鸡蛋碰石头，拿自己的弱点比别人的强项，这样肯定会输的。你知道你的优势是什么吗？”

我不好意思地摸摸头，都怪自己平时不努力，语文一般般，数学还凑合，英语就那样，突然想起语文老师曾经说过，我最擅长讲故事，然后我就说了一句：“我喜欢讲故事。”他

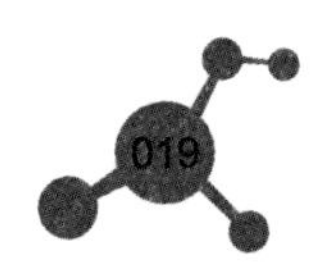

们听完我说的，都哈哈大笑了。

“你们不相信我啊，那我给你们讲一个故事吧。”

“欸，我们可没这么说啊，是你自己乱想的哦。”

“那你们为什么笑啊？”

“因为我们觉得你最擅长的是打破砂锅问到底，脑袋里至少有十万个为什么。”

“你们怎么知道的啊？是我说过吗？对了，刚才主持人说的展性是什么啊？”

“你看，是不是？”

这个时候，我才发现自己中了圈套，然后铁大哥忍住笑装作一本正经的样子说：“展性是指，在外力（锤击或滚轧）作用下能碾成薄片而不破裂的性质，它和延性性质相近；延性呢，就是说当金属受到外力作用时，金属内原子层之间容易作相对位移，金属容易发生形变而不易断裂。它们由于性质相似，所以经常一起使用。”看着我一脸茫然的样子，铁大哥这才忍俊不禁地道：“通俗地讲，延性就是说金属可以抽成细丝，展性是说，物体可以压成薄片。”

“这样子啊！”接着我点点头表示理解了。

比赛刚开始，金七十九小姐就大展身手，她使尽全身力气，将自己的厚度变成1/10000毫米，这让在场的人都目瞪口呆——这可是吉尼斯最佳纪录呢。后面上场的人都明显胆怯不

少，有些人直接弃权，还有些人也纷纷“投降”了，这时候铂七十八小姐上台了，不过，她竭尽全力也没有赛过金七十九，这次她成了金七十九小姐的手下败将。这时，金七十九小姐更加得意了，也更加让身边的人嫉妒。“我看她能得瑟多久，以为自己有几个本事，就了不起。”混杂着台下一阵阵沸腾声，那句话清晰入耳，我们几个都没有说话。

延性比赛

“为什么每次都是这么几种金属参加比赛呢？其他的金属呢，你看铅八十二、钼四十二、锰二十五，他们怎么没报名啊？”

“不是每个金属都有延性或者展性啊，比如锑五十一、铋八十三、锰二十五，他们就比较脆，没有延展性。当然还有一些延展性比较差的金属，比如第一场比赛的集体冠军——碱金属。”听完这些话，我更加明白了，原来有些金属是因为没有这些本领，所以才嫉妒金七十九小姐的。我也开始为金七十九小姐愤愤不平了。所有人都只看到别人的光环，可是，她背后所有的努力呢？常听爸爸说，树大招风，看来真没错。

“你觉得这场比赛，谁赢的几率比较大啊？”

我不假思索地说：“金七十九小姐。”

“看看，你这个小鬼，也替金七十九小姐说话啦。”

我不好意思地红着脸，还为对金七十九的误解感到内疚。

“不过，延性最好的还是铂七十八小姐。”

金七十九小姐还是勇敢地走上台了，虽然知道自己可能比不过铂七十八小姐，毕竟，这是铂七十八的绝活——铂丝直径可达到1/5000毫米。比赛不紧不慢地开始了，随着枪声一响，铂七十八小姐不费吹灰之力地就被拉成很细的铂丝，观众传来一阵喝彩，不过，金七十九小姐也不示弱，虽然脸涨得通红，却还是那么费劲地坚持比赛。本来这场比赛的结局是预料之中的，我却越来越佩服金七十九小姐了，被她身上的某种精神深深折服。

上场比赛中获得了良好成绩的铅八十二好像在这场比赛中没有什么优势，“为什么铅八十二在这场比赛中没有上场比赛中那么好呢？”我半天也没琢磨出什么来，于是问铁大哥。

“这你就不懂了吧，”看着他卖弄的样子，我心里就想笑，他还是自顾自地说，“有些金属展性比较好，但是延性就没那么好，比如说铅八十二，虽然延性和展性相似，但还是有区别的。怎么样，请你来参加金属运动会，没错吧？你看你这一天不知道可以学到多少东西。”我喜滋滋地表示赞同。随着我们越来越熟，大家也都开始互相取乐了。

并驾齐驱

这次比赛到底是谁赢了呢？她们两场比赛分别都是一场输一场赢，于是不知道谁说了一句：“石头剪刀布！”这招果然妙，于是金七十九小姐和铂七十八小姐就开始了划拳。第一次，金七十九小姐明显慢了一拍，好像是看到了铂七十八小姐出了“剪刀”，她才出“石头”，没想到第二次，铂七十八小姐动作慢了，她出的“布”赢了对方的“石头”，第三次，大家都屏住呼吸，睁大眼睛等待结果。

“不行，等一下又有人慢一步，那怎么办呢？”听见金七十九这样担忧地说，大伙也都发现了是需要想一个策略，于是大家决定一起数“一二三”，金七十九和铂七十八必须得同时出手，不然就算作弃权。大家都为这招感到高兴，一起喊出了“一二三”，结果呢，金七十九和铂七十八迟迟未出手。

这可让很多人不高兴了，又不知谁提议了：“还是抽签吧，抽签最公平，几率相同。”铂七十八和金七十九都表示赞同，于是她们又开始抽签。谁料到，金七十九小姐被一个金属给撞了，结果，手中捧着的桶里的签都落了一地。这可怎么办才好呢？

大家一时也没想出一个好法子，结果评委宣布：“既然这

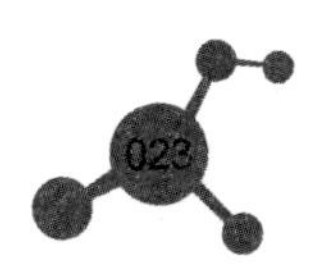

样，那么就让她们这一对欢喜冤家的邻居都位居第一吧。如果大家对这个比赛没什么异议的话，那就开始执行吧。”虽然有些金属还在为铂七十八或者金七十九打抱不平，但是呢，谁也没想出更好的法子，所以也都纷纷表示赞同。

第四章
谁是双性的？

和酸反应

还没进入比赛现场，我就闻到了一股刺激性的味道，走近的时候越来越浓，我忙捂着鼻子。铁大哥仿佛看出了我的心思，递给我一张手绢：“你这狗鼻子，还蛮灵敏的。这场比赛呢，是比较金属的两性：还原性和氧化性。我们是通过和酸碱比赛来验证的。我们现在去的现场就是和酸反应的现场，你闻到的这股刺激性的味道就是盐酸了。”

这场比赛的选手有镁十二、锌三十、铁二十六、铜二十九、铝十三等。

“我去参加比赛了，如果有不懂的话，稍后我再细细跟你讲。”

我点点头，说了句“加油”。铁大哥来不及准备什么，只是脱了一件外套递给我，就直接跑到现场参加比赛。“哎呦，铜老弟，你也来了。”铝十三热情地向铜二十九打招呼。“我妹妹非要拉着我来参加比赛，还说给我捧场，我怎么能不来呢？”原来，他的妹妹就是上回比赛中被誉称为“紫色仙子”的紫铜二十九小姐。

比赛开始，选手纷纷跳进盐酸里，紫铜二十九小姐在那儿为她的哥哥加油，铜哥哥故意拖长时间，然后还是不好意思地钻出头来：“对不起啊，我这次恐怕没机会赢了。”“没关系啊，重在参与嘛。”妹妹倒像个大姐姐似的安慰起哥哥来了。

镁十二、锌三十那边都传来一阵阵的掌声，貌似蛮精彩的，我于是钻过去，看见镁十二渐渐地溶解了，在他的表面还有气体冒出来，像烟雾，那气味可难闻了，一不小心还是被呛了。回过头来发现铁大哥也出来了，我忙问他怎么样了。他摇摇头，叹息了一声。

估计这场比赛特别困难吧。有些金属垂头丧气出来了，有些金属感觉蛮开心的。我突然看见铝十三微笑地走了出来，他应该有戏。我忙走过去，凑近问了一下，这才知道，原来他就是那个双性人。我问他：“为什么不早点说啊，免得耽误大家时间嘛。”

“这是秘密，千万不要告诉其他金属哦。”铝十三低声对我说，生怕其他金属听见了。

“那铁大哥知道吗？”我好奇地问。

“他也不知道，我只告诉了你一个人。”

“那好吧，我就暂时先帮你保守这个秘密吧。”不过，心里蛮得意的，因为我又知道了一个别人的秘密。

和碱反应

和碱比赛的金属明显减少了，听说很少有金属可以和碱反应的，估计大家都是害怕困难吧，没想到铁大哥还是选择继续参加比赛。“铁大哥，这场比赛你有把握吗？”铁大哥摇摇头。我也不知道说什么好，只好拍拍他的肩膀。

在上场比赛中成绩没有那么突出的金属，这次都打算争口气。比如铍四、镓三十一、锗三十二，他们这次也都意外地展示了自己。

后来，我偷偷地跑去看了一下铝十三的比赛，哇噻，那可真是一个字：“妙！”很多金属都和碱是不反应的，可铝十三踏进碱液里，没过多长时间，就有沉淀物生成，还有气泡冒出。因为不想被铁大哥揭穿，所以，我又溜去看其他金属的比赛了。

原来，锌三十和铝十三是一样的，他们都是双性的，他们

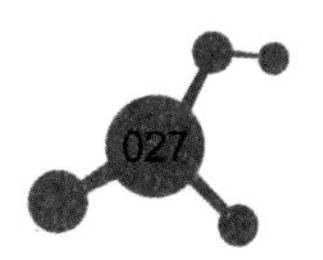

Al
评委

都能和酸还有碱反应。“你在这儿啊！”铝十三过来了，望着我笑。那双眼睛仿佛在告诉我：请你一定要帮我保守秘密哦！我朝着他示意表示知道了。铁大哥走过来了，我们就装作什么事都没有发生过。

接着我们一起去瞧了瞧几个其他金属的比赛，他们都是好长时间泡在氢氧化钠里，却没有什么反应，最后才不好意思地走出来，出来的时候也都无精打采的，仿佛受了很大的委屈。“没事，我们都一样的，比赛关键不在输赢，只要自己尽力就行了。”铁大哥走过去安慰着刚参加完比赛的钨七十四。

双性人现身

比赛结束了，到了关键时刻，大家都在猜这次比赛的冠军是谁，有些人还打赌，有说镉四十八的，还有说铋八十三的，也有说铍四的，大家众说纷纭，心里都没谱，胡乱猜测着。

可是，怎么都不见那个冠军的身影。他是不是和大家玩捉迷藏游戏呢？大家都像热锅上的蚂蚁——干着急。

颁奖典礼都进行了好一会儿了，那个金属才戴着面具出来。“这是哪个金属啊，怎么看起来这么眼熟啊？”铁大哥在我耳旁悄悄地说，“不知道铝十三跑到哪儿去了，之前天天嚷着要看看双性人，这倒好，又错过好戏了。”

那个秘密憋在心里好久了，真的很想说出来，但是一想到

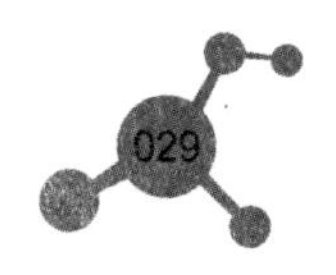

答应过铝十三要保密的，最后还是把话给吞回去了。“怎么还不出现啊？”大家开始吵得沸沸扬扬了。

这时，才看见铝十三不紧不慢地站出来，同时还有铍四、镓三十一、锗三十二。“咦，那不是铝十三吗，他怎么在那儿啊？”铁大哥惊奇不已。“因为他就是双性人。”我说。这时，身边的有些金属开始忍不住发言了：“原来是他啊，这小子，隐藏得够深啊，连我都蒙在鼓里，等会儿，我们一定要敲诈他一下，让他请大伙吃一顿。”大家都对这个意见表示赞同，铝十三刚领完奖，大伙就嚷着要请客，我只好站在一旁偷笑。

第五章
熔炉中的佼佼者

到了下一轮比赛的现场，映入眼帘的是一个巨大的熔炉，我正纳闷，突然看到了旁边立着一个告示牌：此场比赛是比较金属的熔点，请各位选手各就各位。原来是比较熔点啊，我暗自笑着，虽说平时没有好好地上课吧，但是看的课外书还是蛮多的，这次也让我好好地当一回解说员。

我心里鼓足了勇气，指着那个熔炉对铁大哥说："那个比较金属的熔点哦。"然后故意以不太确定的语气问铁大哥，"熔点应该是固体将其物态由固态转变为液态的温度吧？"铁大哥顿时瞪着大大的眼睛看着我，估计听着我说得这么专业，特别好奇吧。然后我忍不住地又说："因为我平时比较喜欢看课外书，所以有一丁点儿了解。"然后铁大哥竖起了大拇指，还不断地夸我，我听了心里像喝了蜂蜜一样的甜。

当我还在那儿傻笑时，突然背后跑来一个金属，冒冒失失地差点撞了我，口中不断地嚷着："不好意思，借过一下。"铁大哥忙拉着我："他有毒。"吓得我脸色都变白了。然后他跟我解释说："他叫汞八十，因为长得比较像水，所以也叫水银。"我突然想起了一件事，就问铁大哥："是不是还有汞温度计啊？"铁大哥点点头。难怪有一次我把温度计摔了，爸爸不让我碰。"多亏了你，不然这次……"我说。"你还跟我客气啥啊，再说，我们请你来当记者，肯定要为你的安全负责的。"铁大哥反倒不好意思起来。"嘻嘻，我穿你们做的特别防护衣，应该没事的。"我拍拍胸膛轻松地说。

比赛刚开始，熔炉就被观众围得水泄不通。

这次参加比赛的有金七十九、铯五十五、汞八十、钨七十四、锇七十六和银四十七。铂七十八小姐因为之前参加比赛有点累，所以在一旁先歇着了。

这些运动员里，金是人类发现比较早的金属之一，因为"金子在哪儿都发光"，所以才被人类首先发掘。人们一直都说"真金不怕火炼"，这是金族一直引以为傲的一件事。其他金属没有这样的荣誉，所以也不敢太张扬。

比赛开始了好长一段时间，汞八十才慢慢地挪动他的细

碎步子，当他刚踏进熔炉中，就不敢进去了，因为熔炉中的温度太高了，还没靠近熔炉他就不断地冒汗，心跳骤然加快了不少，所以只好提前退出比赛。

铯五十五在熔炉中也没待一会儿，就有点受不了了，气喘吁吁地跑出来了，铁大哥还为他感到惋惜：“他是心有余而力不足啊，估计是平时没怎么锻炼的原因吧。”

过了很长一段时间，才看见银四十七、金七十九陆续地走出来。然后又等了很久，才看见锇七十六“寸步金莲”地走过来，他脸上有一丝喜悦，豆大的汗珠淌下脸颊，他也没有急忙地擦拭。好的成绩都是汗水凝结出来的，站在熔炉边，他的脸映衬着红艳艳的火苗，像个红红的苹果，听见大家都在为自己鼓掌，他只是一个人站在那里浅浅地微笑着。

过了一小会儿，才看见钨七十四不急不忙地走出来，他用手绢擦了擦头上的汗，然后看见大伙都出来了，这才舒了口气。铝十三在我耳边说：“这里边，只有钨七十四是最厉害的，其次是锇七十六，其他的都差不多，有很多厉害角色都没有来，比如钽七十三、铌四十一，他们都是熔点的佼佼者。”

“那他们为什么不来啊？”

“有些是因为生病了。他们在以前的比赛中可都是常胜将军哩，这次这么盛大的比赛，没有来参加真是太可惜了。”铝

十三在那儿叹息道，然后他又安慰我：“不过，没关系，这场比赛也蛮精彩的，去年锇七十六就没有参加，我也只是这一次才知道原来他这么厉害的，可真是深藏不露啊！”听他说完，我又看了一眼锇七十六，刚颁完奖他就淡然地走出了赛场。果然是深藏不露的家伙！

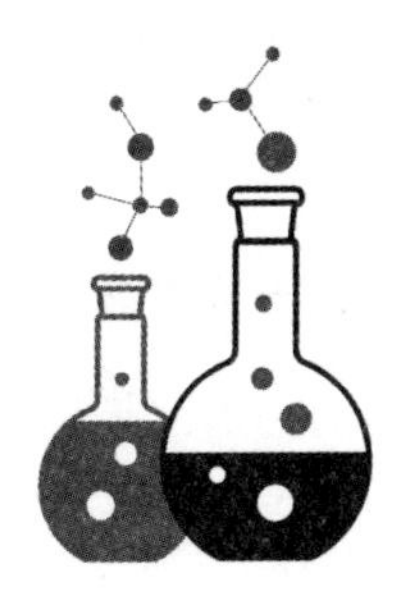

第六章

体重较量——密度的比较

“重如泰山”

“如果你认为你很重，就接受挑战，来参加比赛吧！这里有最值得期待的高手来和你一决高低！”抬头一看，是一行文字，上面明显地注释：每立方米小于4500千克的为轻金属级，每立方米大于4500千克的则为重金属级。在不属于自己的重量级中参加比赛是违规的，这不仅要被取消比赛资格，还会被警告处分，请大家严格遵守。

没想到，这次水银也过来凑热闹了。上场比赛可真是丢人了，简直就是一场闹剧，明知道自己不行，还偏偏要参加比赛，我心里埋怨着，然后斜眼看了一下水银，他手舞足蹈地在那儿拉着其他金属说：“参加比赛吧，和我一决胜负！”我心里暗笑道：“不知道你还有什么厉害的绝招没有使用呢！”

铁大哥站在旁边也忍不住笑了：“这个汞八十，还真是像个小孩子，蛮可爱的。”我诧异地看着铁大哥，铁大哥仿佛没有在意我的眼神，他又接着说：“他在这项蛮强的，前几年都是冠军。你看他那气势就知道了。”然后铁大哥走过去，还和汞八十打招呼：“呵呵，加油啊，小伙子。”汞八十这才咧着嘴哈哈地大笑起来。

不会吧，难不成真的是我误会他了？我不好意思地走过去朝着他微笑，他看见我，对我说：“真不好意思啊，之前差点撞到你了，因为我表弟镉四十八临时通知我要我参加比赛，所以我才急冲冲地跑过去的。”他难为情地摸摸头，不知道还能说些什么，见我表示不在意，他这才缓口气，接着他就去现场了，还邀请我去看他的比赛。

我突然看见锇七十六也慢慢地走进赛场，他也来参加比赛了，不过，看不出来他有一丁点疲劳的样子，刚参加完上场比赛，感觉他的精神蛮不错的，应该休息好了。铝十三更是吃惊了，定了定神，对我说：“我看这个锇七十六啊，估计是支潜力股，他啊，肯定又会赢。”铁大哥扭过头看见我们不知嘀咕些什么，忙问道：“小鬼，你们又在说些什么呢，是不是在背后说我的坏话？”我们连忙否认：“哪里，我们在讨论锇

七十六。”铁大哥也说：“是啊，我们都好几年没有看见他参加过比赛了呢。他前几年迁居了，今年才回来的。”

汞八十是大家公认的冠军，因为前几年的比赛都取得了不错的成绩，这次他也不例外，第一个跑去称体重啊量体积啊，做完了这些事，他就一个人站在那儿观看其他选手的比赛。如果其他选手表现不错的话，他就为他们鼓掌。

银四十七在这次比赛中表现也特别好，密度相对其他选手高一点。最后轮到锇七十六了，只见他不慌不忙地称量自己的体重和体积，大家各自在心里默默地算了一下密度，不算不知道，一算吓一跳，这个锇七十六可真不能小觑，上回他的熔点就获得了亚军，这次居然是第一名，将水银这个常胜将军打败了。大家都目瞪口呆地望着他，也不知道说什么好，倒是汞八十主动走过去和他握手：“恭喜啊，这次取得了这么好的成绩。”锇七十六双手握紧住他的手说了句：“谢谢！”

看来，我真要对汞八十刮目相看了，谁能有这么大的包容心啊？紧接着观众的掌声比以前更热烈了，汞八十和锇七十六拥抱得更紧了。

“轻如鹅毛”

这时，锂三走过来，也忙着给汞八十和锇七十六喝彩：“如果是我的话，说不定我没有这么大气，看来我真要好好地

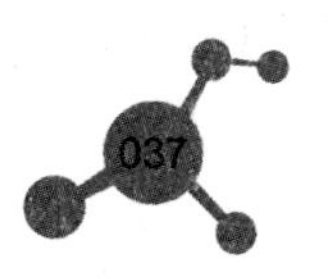

Os
Hg

学习一下，从别人身上学到优点。”锂三大哥不好意思地对我说，我也理解，这是人之常情嘛。

在轻量级比赛中，锂三大哥也报名了，我对他说：“好好加油啊！我们可看好你了！”锂三大哥突然变得很紧张，半开玩笑地说：“不要给我这么大的压力嘛，如果表现不好的话，那不就丢人了吗？”说完，我们都哈哈大笑了。

汞八十也走过来，看见我们在笑，连忙问：“这么热闹，我能加入吗？”锂三贴着汞八十的耳朵又不知在卖什么关子，弄得我和铁大哥干着急，又看着他们很开心地笑：“我们在说某一个人现在是越来越顽皮了。”说完，我们又是一阵嬉闹。

比赛开始了，锂三大哥朝我们挥挥手就去参加比赛了，我们都去给他捧场。突然看到其他碱金属也一同来了，我心里很纳闷：难道这次也是集体比赛吗？不过，我瞄了半天，只看见比赛现场除了碱金属还有一个钙二十，这时我明白了。

“钙二十，你也来参加比赛呢？”锰二十五问。钙二十很不理解地表示：“难道我不能来参加比赛吗？”锰二十五发现自己好像说错了话，急忙解释道：“你不要误会，我没那个意思。我的意思是这比赛很显然就是为碱金属而设立的，这是他们的强项，不管怎样，我只是提醒你一下，小心为妙。”这时，钙二十说了句：“没关系，我想看见差距在什么地方。”

刚开始，他们就和水比较，铷三十七、铯五十五和钙二十

刚进入水中，他们就拼命地往下沉，虽然钙二十不断地使劲想往上浮，可是一点用都没有，在第一个环节，铷三十七、铯五十五和钙二十他们三个一下子就被淘汰了。钙二十出来的时候，头上都在冒汗，青筋都快爆出来了，估计心跳也特别快吧。铁大哥走过去拍拍他的肩膀安慰道："没关系的，尽力就好了。"钙二十都快要哭了："在第一个环节就出局，实在让人心里很难受。"然后铁大哥就抱了抱钙二十。

第二个环节，在体积相同的基础上比较重量，显然锂三的体重最轻，他成了名副其实的冠军。钾十九名列第二，钠十一名列第三。我们就都去向他们表示祝贺，钙二十也去了："你们好厉害啊，我这次能够亲眼见识到这么精彩的比赛，也让我知道了差距。"其他的金属没有说什么，只是和钙二十握了一下手。

Fe

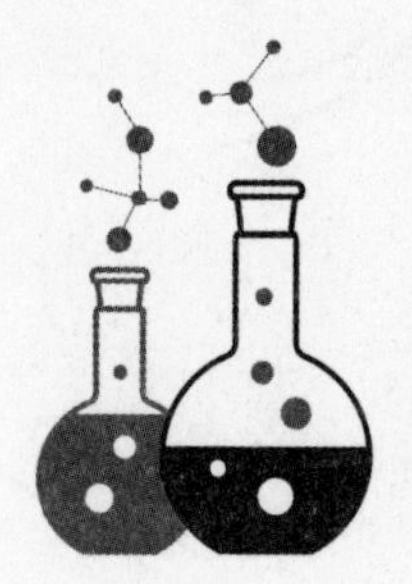

第七章

别向我“放电”——导电性

“这个好有趣啊。”说着，我就想去玩一下。铁大哥忙拉着我：“危险，这个可不能随便玩的，有电。”我很不解地看着电源开关、导线、灯泡之类的东西，铁大哥接着说：“这个是用来检测金属的导电性的。等一下，你睁大眼睛看看，就会知道是怎么一回事，先给你卖个关子。”我越来越好奇了，真想立刻就知道答案。

在期待中，看见铜二十九、银四十七、金七十九、铝十三、钼四十二陆续上场了。我一定要好好地看看这个游戏是怎么玩的，然后回去给爸爸妈妈讲，他们肯定会特别惊讶：“怎么才一天，我们小嘉懂得的东西就这么多了呢？”

首先，裁判员把那些玩意儿都弄好，用导线把电源、开关、灯泡以及比赛中的选手都连接好，不过，开关是开着的状态。我突然明白了，这肯定是看灯泡是否发光，从这点来比较他们的导电性。于是我就兴奋地告诉铁大哥：“我明白了，这是通过观察灯泡是不是发光，然后比较他们的导电性，对吧？”铁大哥赞许地看着我：“嗯，你只看出了一部分，还有另一部分哦。”我更加好奇了：“只有一半正确吗？那怎么比较啊？”铁大哥提醒了我一下：“如果只是看灯泡是不是发光，一般金属都有这个功能，他们都能使灯泡发亮。”在铁大哥的提醒下，我就想起来灯泡的亮度，然后脱口而出：“哦，这样啊，那就是看哪个灯泡更亮一点。”这次，铁大哥竖起了大拇指：“真聪明。”

果然如铁大哥所说，在这个比赛中，每个金属连接的灯泡都是亮的，但是银导线连着的那个灯泡是最亮的，最耀眼的。我很不理解，于是问铁大哥：“既然银的导电性是最好的，为什么一般家里很少用银做导线的？”铁大哥说：“你知道吗？银是很贵的，和铜相比较，铜的导电性比银差不了多少，但是他们的价格简直就是天壤之别。铜经常可以见到，一般也不贵，所以大家肯定都会选择用铜做导线啊。”我越来越佩服铁大哥了，好像他无所不知，什么难事都难不倒他，也不知道他的脑子是什么做的。

见我用一种很奇怪的眼神看着他，铁大哥反而不自在起

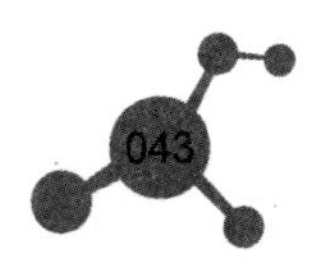

来：“你怎么了？有什么问题吗？”我连忙挥挥手：“哦，没有，我就是好奇你怎么知道这么多的东西，你经常看什么书啊？”铁大哥哈哈大笑起来：“等你长大了，你懂得的东西比我还多呢。”我疑惑不解，铁大哥又以一种意味深长的口气说：“这是因为，你们人类的大脑是最聪明的，你还小，很多东西都不懂，知识是需要长期的积累，常言道：‘活到老，学到老。’所以需要长期学习。”我似懂非懂地点点头：“如果我想要知道很多东西的话，那我就要长期学习喽？”铁大哥微笑地点点头。

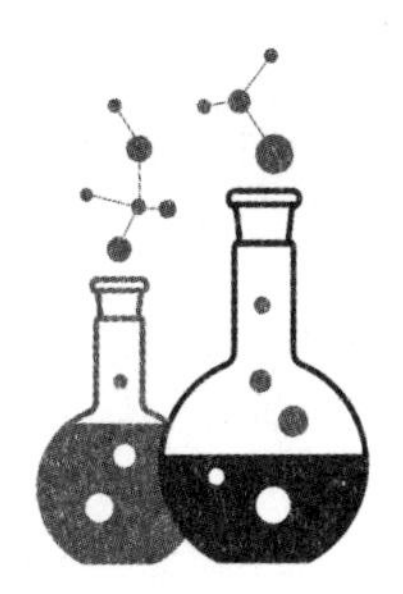

第八章

谁更活泼——金属活动性顺序

“你看了这么多的比赛，你猜，哪个金属最活泼？”铁大哥打算考考我。

“嗯……估计是铯吧？”我不太肯定地回答。

“你的根据是什么呢？”铁大哥很好奇。

“因为在第一场比赛时他还没进入水中，刚抬一只脚贴在水面，水就沸腾了，气体像喷泉一样地涌出来，当时我都吓坏了。”我把当时的情景描述了一遍，听见铁大哥这么问我，我就有点肯定我的答案了。

“嗯，看来你对那场比赛印象蛮深的，记忆力不错嘛，你的进步是越来越大了。”铁大哥肯定地看着我，我发现我的勇气和自信都在迅速地增长。

“这场比赛还要比吗？结果不是很明显吗？”钡五十六开始嚷了起来。

“说不定人类发现的那个金属活动性顺序表不准确呢？”另一个金属反问道。

“真理禁得起千锤百炼。”这次，铬二十四也忍不住发言了。

“为什么比赛的结果很明显啊？”我歪着脑袋半天也没想出来，铁大哥的笑容开始凝固了：“这是因为人类发明了金属活动性顺序表，金属的活泼性就是按照金属活动性顺序表排列的，很多金属看到了自己的排名，所以干脆不参加比赛。”

“那每个金属都知道吗？”我更加疑惑了。

“这倒也不是，汉字我们是看不懂的，我们只是听说过。没参加比赛的金属，我们是不知道他们的活泼性的，每年也只有那么几个金属参加比赛。金属们都不愿意让其他金属看到自己的排名。”

“哦，原来是这样啊。”我突然想到了一个好的点子，就对铁大哥说，“我们去参加吧！”铁大哥奇怪地看着我，还没等他反应过来，我就拉着他走到了现场。

我连忙让铁大哥敲着锣，铝十三打着鼓，我自己则拿起麦克风说道：“大家都过来吧，大家都过来吧。”很多金属都围过来，想看看我在干什么。

我就开始大胆地说："这次比赛呢，既然很多金属都知道答案，但是我不知道，那么让我猜一猜，如果猜对了的话，大家都要踊跃参加比赛。如果猜错了，我愿意表演一段节目，或者如果大家想到了更好的惩罚办法，我都可以接受。"

这一招果然很妙，很多不常参加比赛的金属也都积极参加了，估计很多金属从来没有欣赏过人类唱歌跳舞吧。

首先是镍二十八、钋八十四、锡五十、锝四十三和钼四十二他们几个上场，铁大哥对其中的几个金属还比较了解，他本来是想告诉我哪个金属的活泼性强一点，但是我告诉他，我喜欢公平的比赛，于是铁大哥默默地赞许我的做法。由于对他们几个比较陌生，所以也只好全凭感觉胡乱猜测了。我对锡五十的印象还不错，感觉他像个谦谦君子，所以给他的评价是最高的，接下来依次是钼四十二、镍二十八、钋八十四、锝四十三，说出我的看法后，接下来要做的就是验证我的猜测是否正确。

评委在每个金属面前放了几个容器，容器里都装的是各个金属的盐溶液，如果可以把其他金属给救出来，那么他的活泼性就很强。锝四十三跳进去之后，过了一会儿，钋八十四就出来了，他愣了一愣，然后发现是锝四十三救的他，他本来很想拉锝四十三上来的，但是锝四十三已经被融入溶液了，他只好站在一旁。最后还是锡五十把锝四十三救上来的，锡五十自己

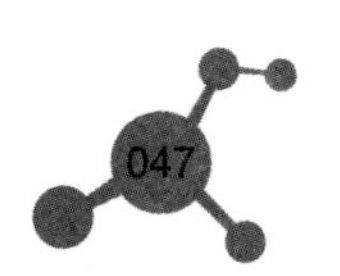

却变成了溶液。这就说明锝四十三比钋八十四要活泼，锡五十比锝四十三活泼。

我站在一边仔细地观察着，这才发现镍二十八是最活泼的，其次是钼四十二、锡五十、锝四十三和钋八十四。我愿赌服输，甘愿受罚，所以给他们表演了一段节目，铁大哥他们都抱以热烈的掌声，随后金属们也纷纷和我握手。

第九章

热得受不了啦——在气体中燃烧产生的热量

“你刚才的表演很不错哦！”听着铁大哥的夸奖，我微笑地说：“谢谢！”

“我们现在去看的比赛，是比较金属在气体中燃烧放出的热量。”铁大哥拉着我走过去，金属们都很热情地跟我打招呼，还不断地夸赞我刚才的精彩表演。我喜滋滋地看着铁大哥，铁大哥悄悄地对我说：“这场比赛，我弟弟也报名参加了。”

走到现场，没注意脚下，差点被绊住，幸好铁大哥拉着我。“这里放着空瓶子干吗呀？”我问。铁大哥说：“这可不是空瓶子哦，这里装的可全部都是氧气哦！”“哦，是不是医院病人经常插管用的？”铁大哥微笑地点点头。

这时，我看见一个和铁大哥长得一模一样的小铁人，仔细地比较了他们两个，没发现什么不一样的地方。“看，他就是我的弟弟。他也叫铁二十六，因为我们的性质相同，所以我们可以互相替换。这不像你们平时的运动会，不能找人替的，那是因为每个人的能力都不同。”铁大哥解释道。“哦，原来这样啊，我明白了，铁是一类金属，具有相同的特点。”铁大哥肯定了我的答案。

“这次比赛呢，主要是一些常见的金属，比如铝十三、镁十二、铜二十九、铁二十六、钠十一，不只是因为他们主动报名参加了比赛，也因为他们在金属中比较为人熟知，影响力比较大。”当主持人说完，台下立刻响起了一阵热烈的掌声。

比赛拉开序幕，首先是从钠十一开始。钠十一跳出他的专车后，直接就钻进为比赛特制的玻璃容器中。只看见玻璃容器中有黄色的火焰，还有淡黄色的固体出现。那个容器中装的都是氧气，下面燃着火。在容器中，每个金属的反应都不一样，镁十二和铝十三有点相似，发出的都是耀眼的白光，镁十二留下的是白色的固体，铝十三残留的是灰色的物质，铜二十九没什么反应，只是有黑色的东西出现了。当看到装有铁二十六的玻璃容器中火星四射，我都震惊了，发现自然界真的太神奇了。我忙向铁大哥讨教：“那是怎么回事？好神奇啊！”第一次发现铁大哥还有不懂的，他说那个是自然反应，自己也不太

清楚，自从出生以来，铁族金属就有这个本能。我连忙把这个问题标记出来，等到回去的时候问老师。

大家都很尽力，出来的时候都热得直冒汗，汗珠像脱了线的珍珠一直往下掉。当我想伸手摸玻璃容器的时候，铁大哥抓住我的手：“那很容易烫伤的。”我连忙缩回来。“这怎么知道哪个金属放出的热量最多呢？”我问。铁大哥也摇摇头：“不知道评委是怎么评判的，如果是在同样多的氧气下比较的话，可能是铝十三吧，如果是按照等量的金属来比较的话，结果又不一样。”我越听越糊涂了，本来是想去问评委的，评委自己也搞不清楚。一半人是赞同按照同等氧气算，另一半人不同意，觉得按照等量的金属算比较合理，他们都争执不休，最后统一的结果是：看到大家都这么辛苦地比赛，过程比结果重要，在整个过程中每个金属都尽力了，所以，决定采取一个折中的办法，给大伙颁个集体奖。“在争持不休的时候，每个人都做出一点让步是非常必要的。”铁大哥在旁边说道，我也表示同意。如果每个人都不让步，那么这个比赛怎么进行下去呢？

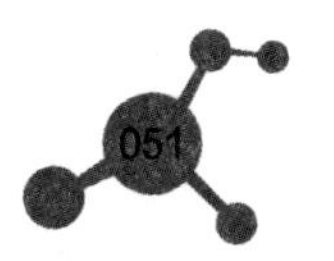

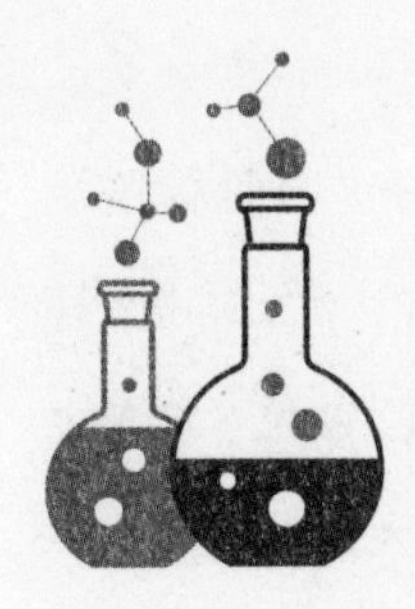

第十章

熟悉的硬汉——铬二十四

“说到硬汉啊，也许一般人都很熟悉，大家都知道金刚石是天然材料中硬度最高的，但在金属中，铬二十四是大家比较熟悉的硬汉呢。这次硬度比赛是否有谁能够超越他，让我们拭目以待吧。”主持人热情地说道，让不少观众热血沸腾起来。硬度是什么啊？用什么方式去比较金属的硬度呢？又根据什么来判断金属的硬度强弱？我心里打着很多问号，就一一向铁大哥请教。铁大哥也不嫌麻烦，一边走一边告诉我：“硬度其实有很多，不过，这场比赛主要是比较莫氏硬度，这是由一个德国矿物学家首先提出来的，在矿物学或宝石学上都是用莫氏硬度的。这个可以用划痕法来测量。”我貌似懂了，就随口说了一句：“那如果金属之间相互划痕的话，不是要打架了吗？而且对每个金属造成的伤痕也蛮大的。”

铁大哥听完哈哈大笑起来：“我们这个是有专门的工具来测试的，比如你们人类可以用硬度计来测量，我们比赛一般都用棱锥形金刚针刻划矿物的表面，然后再比较痕迹的深浅，就知道哪种金属比较硬了。”“哦，原来如此。”我不得不佩服铁大哥，他懂得东西真的很多，连硬度计这么高科技的东西都知道。看来我需要学习的东西还很多呢，我越来越庆幸自己来参加金属运动会了。

“你在想什么呢？比赛快开始了，我们去看看吧。”铁大哥又拉回了我的思绪。

这次上场的金属，除了钨七十四、钴二十七、钛二十二、镍二十八、锌三十，还有铬二十四。还有一分钟比赛就要开始了，却没有见到铬二十四，大家都开始急了：“这场比赛怎么能缺少他呢？”于是我们都分头开始寻找，终于我看见他在一个角落里睡着了，估计是前些天训练得太辛苦，累了吧。看见他睡得很香，我都不忍心去打扰他。铁大哥走过来，看到了这一幕，还是轻轻地拍了拍他的肩膀，他就醒了，揉揉眼睛，想起还要比赛，说了句“谢谢”，就急忙地上场了。

当评委拿出金刚针的时候，有些金属吓得脸色苍白，锌三十吓得紧张地抱着手臂，钴二十七也吓得不轻，脸上渗出细密的汗液，镍二十八定了定神，眼睛一直都是紧闭的，只有铬

二十四还在睡意朦胧的时候，不小心被扎了一针。我看见他的瞳孔放大了，估计是清醒过来了，再仔细看了一下他的手臂，我都不敢相信自己的眼睛。他的手臂几乎是千疮百孔，都是划过的痕迹，有深有浅，如果不仔细看的话，很容易忽略掉。不过，这次被金刚针划的时候，痕迹还是最浅的，估计都是平时训练的结果。

铁大哥对我说："看到了吧，拿第一名背后是要付出很大的努力的。你看，其他金属的手臂，痕迹都很少，但是呢，每一条都很深。人前显贵，人后受罪啊！"当评委宣布，还是铬二十四获得了第一名的时候，我也一点都不惊讶。我抬头看了他一眼，他的眼睛里有些湿润，手臂高举着金牌，台下观众对他都是赞不绝口。原来常胜冠军是这么练出来的，我突然想起我们班的小优，他的成绩也是全年级最好的，老师和同学都喜欢他，估计他背后付出的努力也不少吧。我有时候还不想做作业，光想着怎么玩，想到这儿，就觉得惭愧。下次不用妈妈催我写作业，我都能自己写完作业，我心里暗暗下定决心，一定要向小优学习。

刚颁完奖，我就朝铬二十四走去，然后和他握了握手："你真棒！"这时，铬二十四开心地笑了，倒像个小孩子。铁大哥也走过来，一面表示恭贺，一面也欣慰地看着我。

第十一章

你好毒——钚九十四

很多时候听见这个有毒那个有毒，可是不知道为什么有毒。这次比赛还专门为最毒的金属设立了一个奖项，也正好让我知道哪些金属有毒，以及为什么有毒。我心里这么想着，害怕又忘记了，就在本子上把不清楚的地方记录下来。铁大哥看到了就问："你还有什么不懂的吗？"我摇摇头，铁大哥就说："你的学习方法挺对的，如果有什么不懂的就一定要弄清楚，知识是不能一知半解的，一瓢水的东西是最害人的。"我点点头："我想看自己能不能先解决，实在不能解决了再问，这样记忆深刻些。"铁大哥表示赞同，也没有再问了。

当主持人念到"钚九十四、汞八十、镉四十八、铅八十二、铜二十九、锰二十五、铬二十四"时，我顿时傻眼了：“铬二十四也是有毒的金属吗？”一旁的铁大哥解释说，他们都是有毒的金属，很多重金属都有毒，因为重金属能使人体中的蛋白质变性，又不能消化，只能沉淀，如果超过了最大限度的话，就很有可能中毒。铁大哥说得太快了，我只好默默地记在心里。

走过去的时候，看见主持人给每个参赛金属一只小白鼠。这场比赛是拿小白鼠做试验，在相同分量的情况下，哪只小白鼠最先死，那么这个金属的毒性就是最强的。

首先是钚九十四表演，他小心翼翼地拿出比芝麻点还少的试样品给小白鼠尝。当小白鼠嗅到钚九十四，它就开始变得迟钝了，尝了一点点后，还没有达到规定的剂量，小白鼠就已经停止呼吸了。当看到小白鼠立即口吐白沫，我都吓坏了。然后评委就解释：“据说他是人类口中最毒的东西，也是世界上最毒的物质。只要一片阿司匹林大小的钚，就足以毒死2亿人，5克的钚足以毒死全人类。常说砒霜很毒，可是，钚九十四毒性比砒霜大4.86亿倍，威力都可以胜过核武器。”当我听完这些明显感觉到腿脚发软了，这时，铁大哥忙扶着我，之后，我就坐在一旁仔细地听着，详细地将它记录下来。

当汞八十出现的时候，小白鼠被迫尝了微量的一丁点，就慢慢地出现肌肉震颤症状，不停地在那儿抖索。看到小白鼠这么可怜，我的心都颤了一下，这时又有一个评委解释说：“汞

八十的毒性是慢慢累积的，也许一时看不到，但是长期吸入蒸汽和化合物粉尘，就会发生汞中毒，急性的汞中毒会有腹痛、腹泻、血尿症状，慢性中毒主要表现在口腔发炎、肌肉震颤和精神失常等。”汞八十见评委说得这么详细，也没什么要补充的。

当一只活泼乱跳的小白鼠出现在镉四十八的面前时，镉四十八有点不忍心了，看到前面的小白鼠惨不忍睹的样子，他都想放弃比赛了。我看到他正打算走的时候，小白鼠慢慢地向他靠近，好像没什么问题，评委于是开始发言了：“镉四十八会引起生物中毒，主要是对呼吸道产生刺激，长期呼吸会造成嗅觉丧失症、牙龈黄斑或渐成黄圈，积存于肝或肾脏，还可导致骨质疏松和软化。”另一个评委补充：“因为这个小白鼠不是长期接触镉四十八，所以它暂时没事。”想起我之前那么讨厌小白鼠，再看到它现在的这副模样，怎么能不叫人怜惜呢？不管做错了多少事，也不至于这样，何况它只是被拿来做实验的。

每只小白鼠最后都中毒了，只是有些毒还可以医治，有些毒是直接致死的。铅八十二、铜二十九和铬二十四最后都放弃了比赛。当小白鼠接触这些金属后，慢慢地变得麻木，不爱动，懒懒的像只年迈多病的猫。在劝慰了一番之后，锰二十五也打算放弃比赛，还不容评委在那里介绍他的信息，他就跳出

来说：“我的毒性也很强的，虽然发病很慢，但是中毒早期会有精神差、失眠、头痛头昏、四肢无力、记忆力减退的症状。到中度中毒的时候，就会出现两腿沉重，走不动，很容易跌倒的情况，而且还会让中毒者患口吃。如果是重度中毒的话，你们知道后果的严重性吗？四肢僵直，说话含糊不清，而且记忆力减退，智力下降！”他一口气说完，也不嫌累，反而越来越带劲。比赛快结束的时候，他才依依不舍地离开比赛区域。

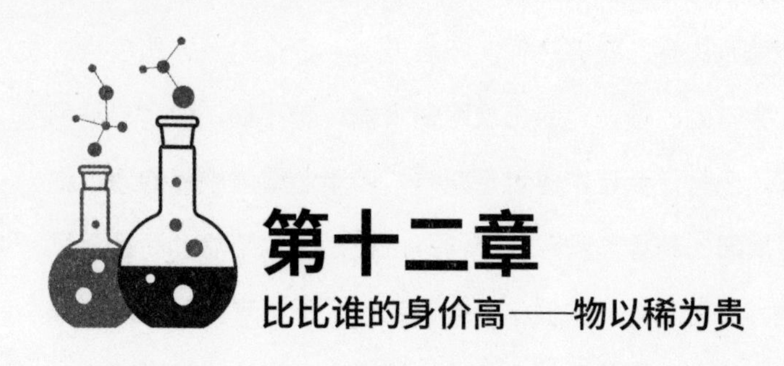

第十二章

比比谁的身价高——物以稀为贵

还没进入现场，就听见很多金属在那吵吵嚷嚷的，都说自己的身价最高，各不相让。首先是金七十九小姐领头说：“我的身价最高，因为人们对于金子都是趋之若鹜的。谁不喜欢金子啊？”没想到铂七十八小姐也参与了比赛，这次再也看不到她身上的淑女优雅气质了，她不甘示弱地说：“铂比金更贵呢，几乎所有的人都喜欢铂。你们没看见大街上那些有钱人都是带着铂金的饰品吗？”这时，银四十七也忍不住跑来插话了：“我们银饰品也很贵的，如果银不贵的话，那人们干吗还用铜二十九做导线啊，我们银比他们的导电性不知道好到哪儿去了呢！”只见铜二十九头埋得低低的，这儿实在没有他说话的余地。

公说公有理，婆说婆有理，把我都弄糊涂了，到底怎么评定他们的身价高低呢？

评委开始不耐烦了，他敲了一下鼓，现场一下子就安静了不少，就像是突然听见上课铃声响了，大家都立刻安静地坐好，等着老师来上课似的。看见评委仿佛没有什么话要说，大家就又开始吵得沸沸扬扬的，像刚开锅的美食，饥肠辘辘的人饿得都快半死，哪里会管其他人啊，迫不及待地就要吃，这个时候形象什么的都不重要了！每个人都是有忍耐极限的，评委开始生气了，又敲了一下鼓，见没什么反应，开始站起来吼道：“一个一个来说，如果还吵的话，直接出局。”评委终于说话了。

安静了的现场，连掉根针大家都听得见，所有的金属都屏着呼吸看着评委，希望给评委留下好印象，心里也都打着小算盘，不要首先出声。这时，金七十九不小心咳嗽了一声，评委就说：“你先来吧！”金七十九小心翼翼地站出来，清了清嗓子，没有之前的“嚣张跋扈”了，变得谦谦有礼：“我们金族的人，都是经过一系列比较复杂的工艺挑选出来的，所以，我觉得我们是特别优秀的，当然也是比较贵重的。”然后她看见评委都赞同地点点头，就鼓足勇气继续说了下去：“我们金矿都是经过重选、浮选、混汞、氰化、树脂矿浆法、炭浆吸附法、堆浸法来一层层精心提炼的。”她好像发现没有说到重点，想转移话题中心，但是又不好意思直接开口，就说了一

句：“越是经过千辛万苦的冶炼，那么他肯定也是特别稀少的东西了，俗话说‘物以稀为贵’。”

当她介绍完自己，她却突然对自己没那么自信了。铂七十八走上台的时候朝她笑了笑，她也勉强地挤出了一个笑容来。铂七十八一边在上面讲，她就一边在下面给她鼓掌。铂七十八顿了顿说：“人们其实经常把我和金联系在一起，就像我们是亲姐妹似的，铂金，铂金，虽说铂也是贵重金属吧，但只是因为先发现了金后发现铂的，所以有些人才说铂比金贵重。”听到铂七十八小姐也降低了不少身段，银四十七也不敢那么嚣张跋扈地大胆说她自己是最贵的金属了。她这次也压抑自己的内心，说：“我肯定是比不上金七十九姐姐和铂七十八姐姐了。她们在人类中的名誉都是众所周知的，我就比她们差一截。所以还是她们比较贵重。”

看到大家都相互谦让，评委也不知道怎么办才好了，最后大家都认为铂金是最好看的，也是最贵重的，所以再一次决定让铂七十八和金七十九并驾齐驱。这时，她们也和好如初，冰释前嫌了。“都怪我不好，看见你那么优秀，所以我总是嫉妒，忍不住使小性子，不好意思啊！”金七十九低声地说。铂七十八率直地说：“哎呀，没什么呀，我们之间还计较这个呀！”说完，她们就拥抱在一起了。看着这对欢喜冤家这副模样，我们心里的一块大石头也算是落下了。

第十三章

叫板钙二十——对人类身体的重要性

听说钙二十小姐一直声称自己是最重要的金属，大家多少都有点反感，所以大家都说一定要去参加比赛，比比看究竟是谁更重要。

没想到大家看到钙二十的时候，她正意气风发地走过来，还和每个参赛金属一一握手，很多金属不喜欢她的骄傲，都不吃那一套，所以没有几个金属愿意伸出手来。本来以为这会让钙二十惭愧的，没想到她还是依旧笑得像朵花似的，丝毫不受影响。有些金属开始在背后说道：“你知不知道，这个钙二十，以为在人类心中占有一定的比重，就骄傲得不得了了，简直就要上天呢，你没看到她得意的样子。我说，如果她这次比赛失败了，看她以后还敢不敢说自己是最重要的金属！”另一个金属也附和道：“嗯，是啊，我早就看钙二十不顺眼了，看她还能得瑟多久。”

铁大哥走过来，他们连忙不说了纷纷解散了，只有一个金属朝着钙二十打招呼，热情地替她加油。我看到了这一幕，就把刚才的事情说了一遍，铁大哥说：“不要随便在背后说别人的坏话，总有一天，这话肯定会让别人知道的。”他看着我，继续说：“做好自己就行。”我默然地点点头。

想起之前的某些同学，总喜欢在背后说别人的坏话，很让人讨厌。我突然发现自己也有那么一点小肚鸡肠，看来以后一定要改了，不然……我没有敢继续想下去，铁大哥突然拉着我去看比赛。

说话的正是钙二十，她很自信地说：“人们都称我是‘生命元素’，不用说，我肯定是最重要的，这是毋庸置疑的问题了。在过去的各种比赛中，最重要的奖项都是被我摘得，所以，这次也决不例外，我已经做好准备了。”这是毛遂自荐吗？还可以这样地表达自己，看得我目瞪口呆，而铁大哥解释说：“因为她本身也是实力派金属，所以才敢这么大胆。之前你看到她也没有这样嚣张，确实她在过去获得的奖项特别多。她在人体中也是含量最高的金属。”

这时镁十二小姐也站出来，义愤填膺地说：“我不像某些金属那么高调，一出口就说什么金牌之类的，就算以前再优

秀，那都是以前的事，怎么还能一直和过去比较呢？你看铁二十六，他也很重要，人体缺铁就会引起贫血，面色苍白，记忆力衰退。别的金属也没有那么高调，天天说自己有多么重要，弄得人尽皆知，好像每个人都离不开她似的。”说完，镁十二小姐就下台了，她没有比赛的意思，我突然很佩服这么大胆敢于表达想法的人，如果是我的话，我都不知道怎么去说。这时，几乎所有的金属都热烈地鼓起掌来。

接着锌三十也不客气地说：“如果说钙是生命元素，那我也是，人们经常补锌，我们都没说一句话，现在大家说句公道话，钙二十是不是最重要的金属？”大家异口同声地不赞同，弄得钙二十无地自容，恨不得找个地缝钻进去。这时，全场都闹哄哄的，如何还能继续比下去呢？于是，铁大哥走上台去，他也没有说什么，只是给了钙二十一个拥抱。

我看见钙二十的眼睛里闪烁着什么，大家都这么说她，她心里肯定也不好受。铁大哥开始说话了：“的确如此，每个金属都是很重要的。如果是多余的，那么为什么还会存在呢？存在就一定有他的价值，如果大家都这样，那么这场比赛怎么比下去？每个金属都很重要，那么是不是颁个集体奖呢？因为缺了谁，人类都会不健康，多了或者少了，都有问题。以前是因为钙二十在人类身体里占有量是最多的，评委才依据这个来评判的，这就是判断的标准。如果不服气，可以不用报名参

Ca
Fe

加比赛啊，如果参赛就必须依照这个规则，没有规矩就不成方圆。”当铁大哥说完的时候，大伙都愣了，没想到他会帮着钙二十说话。

接下来，参加比赛的金属还是按照自己之前准备好的继续比下去。大伙都默默无语地互相看着。最后，当评委给钙二十颁了第一名的奖项时，大家还是对钙二十表示了祝贺。钙二十喜极而泣：“我以后再也不会这么骄傲了，也不会这么自私了，因为我知道了，每个金属都有自己的重要性，都有价值。”不管她说的是不是真心话，但是至少让人感到很真诚，大家也都开心地鼓掌。

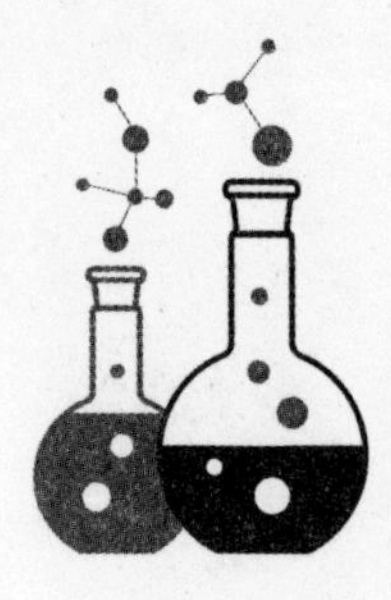

第十四章

报数比赛——金属在地壳中的含量

“现在开始点名了，铁二十六！”“到！”铁大哥声音洪亮如钟地答道。“镁十二！”“到……”镁十二像没吃饭似的，声音小得像只蚊子嗡嗡地叫。评委没有听到，继续喊道：“镁十二来了吗？”这时的声音比之前大了好几十个分贝，镁十二举了一下手说：“我在这儿呢！”评委看了他一下：“你们答‘到’的声音要大一些，最好是像铁二十六学习，不然我听不见，就算作你们自动放弃比赛啊！”

这招可真管用，每个参赛的金属声音都很响亮。当念到钠十一的时候，他还在和其他金属说话，没听见。评委以为他没来，本来是想马上开始比赛的，身边的那个金属推了推钠十一，钠十一这才想起好像还没念到自己，然后就大声地说：

“还没念到我呢！”这时，其他金属都哈哈大笑，有些是俯着身子，有些是仰着头，每个金属笑的姿势都不一样，弄得钠十一霎时有些不知所措，也不知道这么严厉的评委会怎么来处罚自己，只好提心吊胆地祈祷千万不要受到惩罚。当金属都意识到自己的行为不对之后，也都止住笑。他们都只是看着评委会怎么来惩罚钠十一，有些好心的金属也不免为他担心。

评委没有责怪钠十一，只是说：“要认真点，这可不是儿戏，赛场如战场，你们要担负起自己的责任。”虽然评委没有责怪之意，但是钠十一还是羞红了脸。评委没有再说他了，只是提到比赛的规则：“每个金属说出自己在地壳中所占的比例。”首先是铁大哥，他说道：“我在地壳中的含量是5.8%，如果我没有记错的话，在金属中应该是排在第二位。”这时，铝十三看到大家都排好队，没听清楚评委的话，当然也不知道是为什么排队，就随便插了一个地方，当他听到前面的金属钙二十说：“我不知道我在地壳中的含量是多少，但是我知道我是排在铁二十六之后的，所以我就在这儿。”

铝十三听到了这些，才知道自己站错了地方，但是又不好意思挪动，只好往后退。镁十二没有等到他开口就说：“我在地壳中所占虽然不多，但是在金属中还是排在前面的。”虽然答非所问，但是总比那些还没找到自己的队伍的金属强得多。显然他也没说清楚到底自己在哪个位置，也不知道为什么站在

那儿。钾十九本来就是站在后面，他还没听清评委在说什么，那时他正在专心地看着自己的手臂，正遐想着为什么手臂有一道深深的印痕。当钾十九打算一溜烟跑去上厕所时，听到有人在叫他，他一回头看见大伙都排着长长的队伍，想都没想，误以为是排队看比赛呢，还径直继续往前跑，回来后就排在最后一个了。

怎么还没轮到自己呢？当听到前面的金属的介绍后，他就知道自己站错了地方，然后就走到镁十二的前面，铝十三看到钾十九站到了那个地方，他也开始大胆起来，直接走到铁二十六的前面，面对钙二十对于他为什么插队的疑惑，铝十三回答说："我在地壳中占的比例是8%。"然后钙二十就闭上了自己的嘴巴。

"你站错了地方。"身边的金属好心地提醒钠十一，钠十一真的很让人担心啊，不知道等一下评委看到了这一幕，又会怎么想钠十一，钠十一应该不会像刚才那么幸运，轻易地逃过惩罚。钠十一这才醒悟过来，他不知道自己站在哪儿，当看到钾十九朝他示意之后，他就知道了自己应该站在他的旁边。他走过去，站在钾十九的后面。钾十九问他："你在地壳中有多少啊？"钠十一听到这个，想都没想说："2.32%。"钾十九就捅了捅他，他还没反应过来，钾十九就后退了，站到了钠十一的后面。当听到前面的钙二十说他的含量时，钠十一这

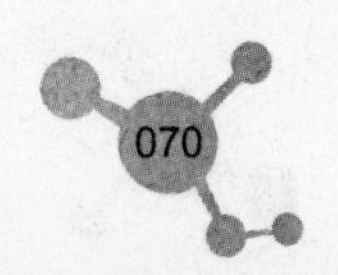

才反应过来，心里也感激钾十九的好意。

当这场比赛结束后，他对钾十九说：“谢谢！”钾十九摸摸他的头，说：“你还小，不过，现在也是学习的时候，听话要听完整。做任何事可不能再三心二意了，学过小猫钓鱼的故事吧？”钠十一点点头，自己也感到无比羞愧。

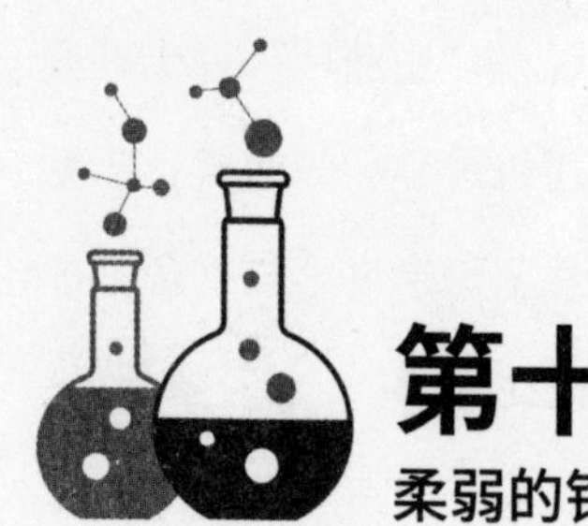

第十五章

柔弱的铯小姐——金属的柔软性

一直都听闻铯五十五小姐是出了名的“林妹妹”——因为有几分林黛玉的柔弱，所以大家都称她为“林妹妹”。这次金属运动会还涉及到柔弱比赛，大家都想观看铯五十五小姐比赛，但是她又害怕她的这个“林妹妹”的帽子再也脱不下来了，所以不打算参加比赛。

这场比赛最大的看点就是铯五十五小姐，如果她不参加比赛，那么这场比赛也就没多少意思了，所以大家都拼命地想点子：怎么才能让她参加比赛？

“这个还不简单，我们可以设置多一点奖品嘛！”我对铁大哥说。铁大哥回答我说：“哦，这个可不行，因为奖项都是依照标准来设立的，一旦破坏了，对以后的比赛就没有说服力了。”

“那怎么办才好呢？”我开始担心了，“要不，我们以后都不喊她‘林妹妹’了，行吗？”这时，铯五十五小姐开始说话了：“你们经常说不再喊我的绰号，结果还是经常喊。”

“林妹妹，你就参加比赛吧！”旁边的锰二十五开始央求道。没想到，话一出口，又习惯地喊铯五十五“林妹妹”，铯五十五斜眼瞥了他一眼，这才想起来，忙说道：“对不起，对不起，我们以后再也不喊你‘林妹妹’了，好吗？”他又说了一句“林妹妹”，铯五十五这次真的生气了，忙转身就走。

哎，这回可真碰到难题了，都怪我们不好，干吗要给人家起什么绰号。我突然想起，我最喜欢叫我楼上的小薇“假小子”，因为她平时不太注意形象，总是喜欢和男孩子一起玩耍，很容易让人误以为是男孩子，有一次她还生气没理我，这么说，她肯定也不喜欢别人叫她“假小子”吧。这么说我也做错了一件事，以后可不能为了自己的乐子，给人随便起外号了，我心里默默地记着。

正想着这事的时候，看见锂三大哥他们都来了，问道：“这里怎么这么热闹啊？”我说：“哦，大家正在商量着怎么让铯五十五参加比赛呢，你们碱金属不是最亲密的亲人关系吗，她有没有什么小辫子啊？”锂三阴沉着脸，耷拉着脑袋，

眉毛都横着，想着我说的话是不是惹得锂三大哥不高兴了，我忙道歉跟着解释："不好意思啊，我们没有其他意思，只是很想看铯五十五的比赛而已。"

当看见锂三大哥的眉毛逐渐舒展开来，我心里长吁了一口气。"哦，我有一个法子呢！"没想到锂三大哥不仅没有生气，反而帮我们想办法，我又是欣喜，又是担忧。"不知道这招有没有用，不过……"锂三大哥没有想要向我们吐露的意思，只是说，"等我的好消息哦！"

钠十一走过去拉住铯五十五的衣袖，还带点撒娇的口气说："铯五十五姐姐，你就看在我们的面子上，参加一次比赛吧，我们都会为你加油的。"听着这些，我的骨头都酥软了。说不定铯五十五受不了就接受了呢？心里是这么想着的，可是，铯五十五没有丝毫犹豫，还是坚决不参加比赛。这样一来，我们可都没辙了。

锂三大哥走过来说了句："抱歉啊，没想到这招也没用，平时这招都是我们的杀手锏的。""没事，你们都肯这么帮我们，我都不知道该说什么才好呢！"虽然还是感到有点遗憾，但是既然杀手锏都亮出来了，铯五十五还不肯答应，那就算了。"既然请你来看这场比赛，我们其他的几个碱金属都准备来参加比赛，就当弥补一下吧。"锂三大哥还接着说，"钫

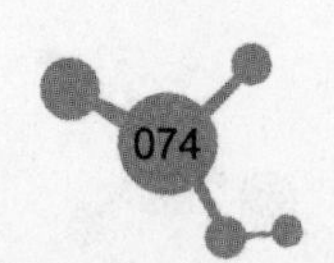

Cs
Na
Li

八十七还说让我们好好比赛呢！”

当评委拿出一把刀的时候，我被吓到了，忙问铁大哥：“为什么要用刀啊？”铁大哥一点都不感到惊奇：“这是看他们的柔软程度，如果比较软的话，那么一下子就可以切开了，如果比较硬的话，小刀肯定切不动。”当评委小心地用小刀切下一小片锂三后，台下响起一阵热烈的掌声。紧接着钠十一、钾十九、铷三十七一一表演了，看着这么精彩的比赛，我心里也满足了。当评委说：“如果没有什么意见的话，比赛……”还没说完，站在一边的汞八十就站起来说：“我是最软的。”大家都愣着看了他一眼。他扭着身子就跑上台来了，还来不及展示，评委就说：“这场比赛主要针对固体金属，液体金属太特别了，不好意思啊汞八十！”弄得汞八十像泄了气的气球垂头丧气地走了下去。

没想到这时铯五十五也沉不住气了，只见她举手发言了：“我要参加比赛。”大伙先是一惊，后来都惊喜地拍手。看完铯五十五的精彩绝伦的表演，我就明白了为什么这场比赛缺了铯五十五小姐就没意思了。她的身子软如泥潭，小刀轻轻一触碰，她的鞋带就松了，一只鞋子就掉下来了，那鞋子自然也是铯元素做成的，闪着银白色的光。显而易见，铯五十五是名副其实的冠军。评委也给铯五十五小姐戴上了金牌，大家都簇拥

着喊道：“铯五十五小姐，你是最强的！”铯五十五小姐不好意思地说：“大家还是叫我‘林妹妹’吧，我还是习惯这样的称呼。”说完，大家就接着喊：“林妹妹，你是最强的！”铯五十五小姐开心地笑了。

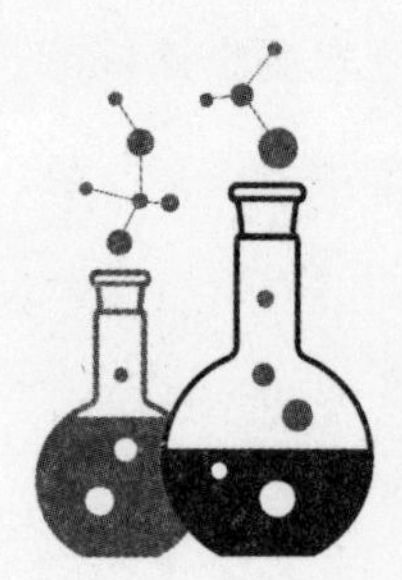

第十六章

稳如泰山的小子——稳定性的比较

“这场比赛我们还去看吗？”铁大哥和我们商量，我不假思索地答道：“当然要去看啊，为什么不去看呢？”

“哦，这个比赛和第八场比赛有点类似。”铝十三回答道。

“活泼性和稳定性有什么关系啊？”我还是不太理解地看着他们。

“一般而言，金属活泼性越强，也就是还原性越强，越容易被氧化，所以越不稳定。”这个关系虽然不算复杂，但是由于都是专业词汇，所以还是让我有些云里雾里的。看着我一脸茫然的表情，铁大哥于是说：“我们去看看吧，说不定跟上回的不一样。”

“这个评定方式主要有两种，我给你详细讲一下吧，肯定对你以后的学习有帮助。第一，我们可以看周期表，就是每个金属都有自己的编号，这个是固定的，是金属的一种属性，就像是你的名字一样。这个表同一列金属从上往下看金属性越强，也就是还原性越强，越不稳定的意思。第二，我们观看金属的气态氢化物，如果气态氢化物越稳定，非金属性也就是氧化性越强……”我一边听着，一边做笔记，鉴于有些专业词汇听不懂，所以打算回去上网查查，或者问老师。

“根据刚才我跟你讲的，还有之前的活泼性比赛，你觉得，铯五十五、锂三、铷三十七、钾十九，他们的稳定性是怎么排序的？”面对铁大哥的问题，我仔细想了一下，故作沉思道：“这个应该根据第一个方法吧，首先最稳定的应该是锂三，然后钾十九、铷三十七、铯五十五的稳定性依次减弱。”

“嗯，对。不过，有些金属还是有些特别的，凡事都是相对而言的，没有绝对正确的。你看，我刚才并没有说钠十一，因为钠十一他很特别。他的活泼性排在铯五十五的后面。”经铁大哥这么一说，好像也蛮有道理的。

“等会儿，你仔细看比赛，看看是不是满足规律。”铁大哥提醒我。

当选手一个一个地进入场地时，我顿时就傻眼了。那些都是什么汉字啊，念了这么多年的书，才发现还有好多汉字

都不会念，说出去也够丢人的。只听见主持人一一地介绍："钐六十二、铕六十三、钆六十四、铽六十五、镝六十六、钬六十七……""原来很多汉字都是按照一边的读法来念的。"我长吁了一口气，铁大哥听见了，瞅着我站在一旁直笑。

在比赛的时候，我就特别注意了评委的评判标准，还有最后比赛的结果。原来都是有迹可循的，按照铁大哥说的规律，还真是蛮准的，我情不自禁地笑了。

"这个规律都是有条件的，也有特例的，你回去后，可以翻查金属活泼性表，就知道哪个金属比较活泼，哪个金属比较稳定，哪些金属的还原性比较强。还有稳定性也分为物理稳定性和化学稳定性，你知道得越多，就知道还有很多都不知道，这就是知识的奥秘啊！"铁大哥感慨道，他的每一句话我都一一地记录在本子上，有些现在听不懂，说不定以后的某一天就恍然大悟了。

"这些金属都是镧系金属，还有一个叫锕系金属，锕系金属的原子号都大于84，他们是放射性金属，所以他们没有来参加比赛。说到这里，想起来了，放射性元素是指金属的原子号都大于或等于84，最常见的就是居里夫人发现的镭八十八。"铁大哥一边说，一边指着钐六十二他们，"如果你还有不清楚的，可以问我。"我看着铁大哥想了很长时间，好像也没什么要问的了，就说："这些问题都蛮专业的，我还没

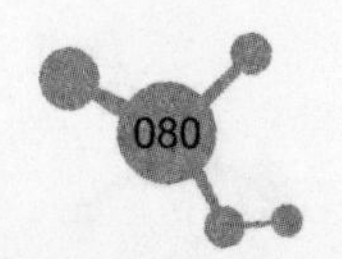

有想好。”铁大哥也开始哈哈笑了：“是啊，只有学得的东西越多，疑问也越多，你今天学了这么多，不知道你消化了没？先不给你讲了，你慢慢体会吧。”

今天参加比赛的金属中，正如大家所预料的一样，钬六十七被评为“稳如泰山的小子”。我们走过去忙着给他贺喜，虽然是刚认识的一个朋友，但是钬六十七很热情，主动地一一拥抱我们。

第十七章
最大贡献奖——铁的用途最广

这次金属运动会也快接近尾声了，只剩下最后一场比赛，是比较谁做出的贡献最大。比赛的过程非常简单，主要就是参赛的金属自我介绍一下自己的用途，然后评委来依此判断哪个金属所做的贡献最大。

这次比赛特别有序，大伙都排着队，没看见有插队的现象。钛二十二走上前去，抬头挺胸地说：“我们钛族金属是很有出息的，都和高科技技术联系在一起，比如在飞机、坦克、军舰、潜艇的制造中我们是必不可少的金属，在宇宙飞船和导弹中，我们也可以代替钢铁。在世界上，钛的储藏量最多的是中国。”他特意避开了钛的不足。当评委问道：“嗯，挺好的。那么提炼的难度大吗？”这时，钛的头比刚才低了一些，他好不容易才挤出几句话："是的，这个是我们最大的缺点，就是提炼比较困难。不过，除此之外，没其他的问题了。"说完这些，他也不知道还有什么要补充的，就尴尬地走下台了。

铝十三看见钛二十二没什么话说了，就走上台去，先向评委致意，然后拿起话筒就步入正题："我们铝族是世界上被应用最为广泛的金属之一。第一是因为我们铝族合金质量轻并且强度高，这个优点在制造飞机、汽车、火箭中被广泛应用；第二是由于我们有良好的导电性和导热性，经常用做超高电压的电缆材料；第三是由于我们在高温下还原性极强，可以用于冶炼高熔点的金属；第四是由于我们的展性强，一般用来制作铝箔，用于包装……"他一口气连说了几十个理由，评委都不能一一记录下来，就问他："你能不能再说一下第四个理由？我们没有听清楚！"于是铝十三就慢条斯理地重复了第四个理由。看见评委都点头示意后，他突然想起了什么，继续说道："除了上面所说的，在建筑业上，在航空方面，在日常用品和家常电器中也会经常看到我们的影子……"他还想继续举例说明的时候，看见排在后面要比赛的金属都有点沉不住气了，评委也开始有点漫不经心了，于是，他就蜻蜓点水地举了几个大家都知道的例子，之后就弯腰致敬下台了。

"你看铝十三他们的用途真是蛮多的，估计他这次又要拿奖了。"旁边的锰二十五耐不住性子又开始嘀咕道，"之前那

个两性金属的比赛，我们就忽视了他，他可真是沉得住气啊，这次肯定要出乎意料……”锰二十五根本不管身边的镁十二小姐是不是在专注于他说的话，他想说什么就一骨碌地全部倾倒出来，弄得在一边的镁十二小姐心烦意乱的。好不容易这么安静地观看一场比赛，没想到有他在身边让人不得安宁，她压抑住自己的情绪说道：“好好地看比赛，现在还都说不准，看谁笑到最后！”说完，她就“嘘”地一声用食指按住嘴唇，锰二十五只好把刚到嘴边的话又咽回去了，心里埋怨道：“有人想听我说，我还不说呢！”

只顾着听他们讲话，我都忘了要记录下来了，幸好都是一些熟悉的金属，钾十九、钠十一之类的。下一个金属上场的时候，我还只顾着整理一些资料，当听到铟四十九的时候，我抬头看了一眼。这个金属我们并不熟知，估计是第一次参加比赛吧。她身穿一件银白色略带淡蓝色的外衣，衣着很轻盈，让人有一些神往，静下来听她说话，她说：“我们铟虽然不常见，但是用途还是蛮广的。首先，我们铟锭因其光渗透性和导电性比较强，所以一般用于生产液晶显示器和平板屏幕；其次，我们主要用于电子半导体领域，还有焊料、合金、医疗领域……”之后其他的一些领域她也没有细说了，我听了急忙在本子上写下来。

“你怎么不去参加比赛啊？”铝十三下来问铁大哥。铁大

哥还站在那儿看比赛："我没有想好要说什么呢！"听铁大哥这么一说，他肯定不是有备而来的。之后他又解释说："我主要是负责当小嘉的指导员。"听他这么一说，铝十三就没有再劝说，只是叹了一口气。我把铝十三拉到一个小角落里悄悄地询问他一些情况，铝十三给我举了不少例子，这才知道原来铁大哥的用途很广，以前还是冠军种子，如果这次因为我而拖累了他，我肯定会内疚死的。于是我就溜去找评委，偷偷地给铁大哥报了名。之后当评委喊道"铁二十六"的时候，铁大哥愣了一下，然后直盯着我，那双眼睛好像在说："是不是又是你捣的鬼？"我就装出一副委屈的样子，铁大哥只好无奈地上台去了。

铁大哥很直率地说："这次，我没有做特别的准备，就随便说一说我们铁二十六的用途吧。我们铁是碳钢、铸铁的主要元素，主要用于工农业生产中，比如装备制造、铁路桥梁，还有轮船码头、房屋这些东西也都离不开我们。我们在植物制造叶绿素的过程中还是一种不可缺少的催化剂，如果花儿没有了铁元素，它就会失去艳丽的颜色，叶子也会变黄枯萎，如果人类没有了铁元素，他们就会出现贫血、气血不足等症状……"他话音刚落，台下就响起了一阵如雷的掌声。结果是预料之中的，铁大哥还是得了冠军。

"这次肯定是你这个小淘气捣的鬼。"铁大哥说完，就拧了我一下。看着他哭笑不得的表情，我们都乐了。

Fe

金属运动会

第十八章 金属哥哥们，bye－bye!

比赛快结束了，想到要分别了突然感觉好难受。我看了一下手表，还有时间。主持人开始总结了："经过了一天的激烈角逐，我们金属运动会就要宣布结束了。在此，我们恭喜那些获得了奖项的金属，祝愿他们在今后的一年里再接再厉，能够获得更好的成绩，也祝愿那些没有获得奖项的金属，多参加运动，身体越来越棒。我们举办这个金属运动会，主要目的就是为了让各位金属更好地认识自己，为所有的金属提供一个交流的平台。比赛最重要的精神还是'重在参与，友谊第一，比赛第二'。我很开心地宣布：今天的金属运动会完美落幕！谢谢大家的积极参与！"主持人越讲越激动了，他继续说道："今天，我们很荣幸能够请到小嘉做我们的记者，大家准备了一个节目来欢送你，希望小嘉你会喜欢！”

主持人一说完，金属们就围成了一个圈，大家一边转着圈一边唱《友谊天长地久》，显然这是排练了好久之后的表演。今天真是大开眼界，每个金属竭尽全力地表现了自己最好的一面。当主持人问我感觉比赛怎么样的时候，我热情洋溢地说：“比赛非常精彩，谢谢你们邀请我来参加比赛。”“怎么样？如果今天没来可就后悔啰。”铁大哥努着嘴巴看着我。我没听见似的，眼睛望着铝十三，他戳了我一下，我就忍不住地笑了。铁大哥说：“刚才真是谢谢你了！”我看着铁大哥，他眼睛里满是笑意。我说：“没事，小case！”“什么？”铁大哥没有听出那个英文单词，我就教他发音：“这个是英文单词，小case就是小菜一碟的意思！”我一边解释一边比划着。铁大哥“哦”了一声，又说：“看来我们还有很多不懂的，你能教我们吗？”铁大哥眨巴着眼睛望着我，我就教了他们几个简单的英文单词，比如“bye－bye”，铁大哥念了好几遍还是将它说成了“乖乖”，听得我又想笑又想气，但我还是耐着性子跟他说：“这是再见的意思，连读说两个8字就可以了，你试试。”铁大哥试着撅起舌头才念好，我还是竖起了大拇指以示褒奖。铝十三笑嘻嘻地说：“既然我们给你表演了一个节目，你可以给我们表演一个节目吗？你之前的表演实在很棒，我还想看一次。”然后他又看着铁大哥问道：“是不

是？”铁大哥只好说：“你这个铝啊，心里不知道又装了什么鬼！”

看着大家玩得这么愉快，我便说道：“既然大家都给我表演了一个节目，我也表演一个，以表示感谢！”说完，我就把前几天在学校里学的舞蹈跳了一段，虽然有点趔趄，但是金属哥哥们还是给了我很多的掌声，被掌声激励着，我就更加起劲了，拉着铁大哥的手一起欢歌跳舞。后来，越来越多的金属都参与进来了，我们兴高采烈地玩着。

玩了一会儿后，天色也不早了，天边的晚霞都被夕阳染红了一片。在夕阳的余晖下，我们只能道别了。我和大家一一握手拥抱，铁大哥还把刚才学到的“bye－bye”也用上了。这时，我看见铁大哥眼圈都红了，他说：“别忘了给我们写篇报道哦，有空找我们玩啊！”我挥挥手，跳进了车子，想到爸爸妈妈肯定还在等着我吃饭，说不定看见我不在，心里会担心。如果我把今天的所见所闻告诉爸爸妈妈，他们肯定会吃惊的，爸爸也许会说：“我们小嘉真的长大了，懂了这么多的东西，真是了不起……”车窗外，铁大哥和那些金属们的身影越来越小，慢慢地消失在夕阳下了。

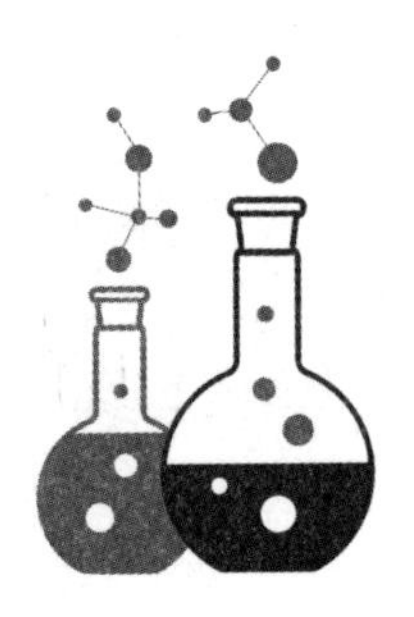

第二部分　非金属

第十九章

非金属元素的盛情邀请

今天是个特殊的日子，因为在非金属国度的奥林匹克体育场上，即将举行第五届非金属运动会。看吧，看台上坐满了来自五湖四海的朋友们。除了非金属各个家族的亲友团以外，还有来自金属国度的金、银、铜、铁、铝以及类金属国度的硅、硼、锑等各大家族的代表们。未来的三天里，非金属的运动健儿们一定会给大家带来不一样的力与美的感官享受。

运动会解说员——美丽动人的氢女士通过话筒向全世界发出了非金属元素的盛情邀请：

女士们、先生们：

在这秋高气爽、丹桂飘香的十月，我们欢聚一堂。首先，欢迎大家来到第五届非金属运动会的开幕式现场。这次比赛，非金属的22大家族全部派出了自己的选手，他们将会在反应、导电、硬度、质量、形象、稳定、毒性等20多个项目中进行比拼，这将是一场非常盛大的宴会。

再过十分钟，运动员们就要入场了，现在请允许我先给大家介绍一下我们的特邀嘉宾——德高望重的非金属国国王氧先生，让我们以热烈的掌声来表达我们对氧先生的敬意。

下面，运动员开始入场。

首先进入体育场的是氧元素代表团。氧元素是我们地球上所有生物都不能缺少的元素，是我们的生命之源。这次运动会他们一共派出了50名选手，将在反应、颜色、密度等项目中展开角逐。希望他们能取得好的成绩。

第二个入场的是氢元素。氢元素一直以曼妙的身姿、轻盈的脚步征服全世界。这届运动会，他们派出了40名选手，将在质量、颜色、稳定的等项目中展开角逐，希望他们能够取得好的成绩。

下面入场的是我们熟悉的碳元素。碳元素和我们的生活息息相关，无处不在。我们吃的食物、用的石油、戴的钻石等都是碳元素构成的。这次运动会，他们将在导电、硬度、质量、颜色、毒性等项目中与其他选手展开角逐，让我们拭目以待吧。

第四个出场的是氮元素。氮元素是地球上含量最多的元

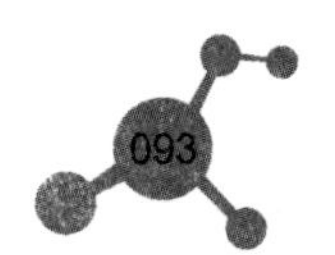

非金属运动会
H
氧族元素
O
O
O

素，同样与我们的生活息息相关。他们生性好善，从不主动与其他的元素发生反应，是一个友善的家族。这次运动会他们也派出了庞大的队伍——150名队员，参加所有的项目。让我们一起期待他们的优异表现吧。

穿着紫色队服入场的是碘元素。他们在元素家族里排行53，天生紫黑色，是一个不很稳定的元素，容易消失不见。这次运动会，他们派出了5名队员参加比赛。不过，这不会影响他们的成绩的。

看，后面紧跟着的是硅元素。硅元素由于其具有导电性，又被称为类金属。而且，我们坐的飞机、发射的火箭，都需要硅元素的帮忙。他们家族在高科技方面起着举足轻重的作用。前几届他们靠着高科技，取得了良好的成绩，这次运动会，他们一定会取得更加优异的成绩。

哇，最让我们激动的时刻到了，看，向我们走来的是溴元素代表队。这个家族很特殊，他们是唯一一个在室温下为液体的非金属元素。你看他们浑身散发的红色烟雾，多美啊。虽然他们只派了6名队员参赛，却是最梦幻的代表队。

小心啦，下面出场的是磷代表队。他们很容易燃烧，所以，我们在和他们打交道的时候，要小心他们的热情。看，他们又烧起来了。那耀眼的白光，多么美丽。让我们为他们欢呼吧。

紧接着出场的是氯元素，他们组成了一只庞大的队伍。他

们喜欢和氢元素结合在一起，组成我们最常见的盐酸。你可别小看了他们，他们本身的腐蚀性也非常大哦。让我们为他们欢呼吧，希望他们能够取得好的成绩。

这下壮观了，氦、氖、氩、氪、氙五大元素组成了一个方阵一起来参加这次大赛。这五大家族由于极其友善，不善交际，很难与其他元素发生反应，一直被人们称为“惰性气体”。但他们虽然是气体，却极其有魅力。我们过节用来装点的彩灯里面充的就是这些气体。希望他们也能够获得好的成绩。

接下来出场的是硫元素方队。这个方队的队员穿着统一的黄颜色队服，显得既整齐又漂亮。他们的脾气可不好，一不小心就会爆炸。弹药里装的都是这种元素哦。他们派出了40名运动员，希望他们能够取得好的成绩。

氟方队，大家认识吗？听起来很陌生吧，但是他的来头可不小呢。氟元素是地球上最强的氧化物呢，几乎地球上所有的物质都能与氟发生反应呢。这次比赛的氧化性项目，他们是势在必得啦。

哈哈，氟家族的死对头硒元素方队正向我们走来。氟元素是最强的氧化剂，那么硒元素可是最强的抗氧化剂哦。而且，硒元素还是极强的抗癌元素呢。我们现在用的打印机、复印机，里面的墨里都含有大量的硒，他是一种非常重要的元素哦。请期待硒与氟两大家族的巅峰对决吧。

硼元素方队走来了。在前两届的运动会上，硼元素在硬度这个项目上输给了碳元素家族的金刚石。虽然这次硬度比赛没有什么悬念，但他们的勇气还是非常可嘉的。

下面出场的是砷元素。他可是我们生长发育最不可缺少的元素哦。所以，我们一定不要挑食，要保持营养均衡，这样才能够茁壮成长啊。

下面要出场的是自然界中最重的气体——氡。你看他们的脚步多么沉重啊，一步一个脚印。虽然他们只派了两名选手来参赛，但还是要预祝他们取得好的成绩。

下面出场的这个方阵是碲元素。他们身上有股奇特的味道，类似于大蒜，你看他通体透明，是一种极其漂亮的晶体，但是导电和导热性能却不好。所以，这次他们要想在导电和导热两个项目上有所斩获可就难了。

最后一个方阵是砹元素。这是一种神秘的元素，至今未被人类发现。所以，我们希望通过这次运动会，能够揭开他们的神秘面纱。

看啊，22个非金属元素家族的成员们都已经全部入场，他们的脸上都带着自信、骄傲和自豪。让我们期待我们的健儿们能够给我们带来一场公平、公正、更高、更强的运动会吧。

女士们、先生们，最后，请允许我代表非金属家族的所有成员再次欢迎您的到来。

第二十章 非金属和他们的亲戚

按照惯例，在非金属运动会开始之前，将会有一个开幕式表演。每一次表演，氧气国王都会邀请一些特别的来宾，今年也不例外。这次他邀请的特别来宾是非金属盐家族。他们虽然属于盐类家族，但是却与非金属王国有着密不可分的关系，因为他们全身的元素都是由非金属组成的。他们居住在遥远的北国，家族并不强大，人丁也不是很兴旺，但是他们在工农业中都发挥着巨大的作用。这一次，他们在百忙之中，抽出时间来参加非金属王国的这一盛会，并为此特地准备了节目。

“下面请欣赏第一位表演者的表演。他非常爱整洁，穿着一身白衣，性格有些冷漠。刚才他走过来，没有跟大家打招呼，请大家不要介意呀。这是因为他自身带有微毒性，怕伤害大家，才不与大家接触。”热情的氢小姐介绍道，“看，他已经跟铁拥抱了，但是与铜和其他的黑色金属就不能接触了，因为他知道自己会腐蚀他们呢。”

“氯化铵先生非常忙碌，他不仅是制造干电池、蓄电池、铵盐、电镀、精密铸造、医药、照相、电极、粘合剂、酵母菌的养料和面团改进剂等的主要功臣，更是速效氮素化学肥料不可缺少的一员呀，各种粮食蔬菜的生长都很需要他。”台下氯化铵先生的崇拜者用仰慕的口气对同伴说道。

“亲爱的观众朋友们，下面我将为大家表演分解术。”说完，氯化铵朝着奥运火炬走去。奥运火炬的火焰正熊熊燃烧着，火苗璀璨夺目。舞台下的观众们聚精会神地看着他，不知道接下来会发生什么。

“我听说铵盐家族是很怕热的呀，因此他们才搬到了遥远寒冷的北国居住，现在他靠近火焰是想要做什么呢？”氢小姐脑袋里充满了疑惑。但是接下来的一幕让氢小姐目瞪口呆了，一身白衣的氯化铵先生瞬间分解消失了。

“天哪，观众朋友们，我简直不敢相信眼前发生的一切。白衣胜雪的氯化铵先生怎么突然不见了呢？”氢小姐睁大了眼睛说道。

“哈哈，受热分解，调皮的氯化铵。”氧气国王笑着说，“快，收起他分解的氯气和氨气将其恢复！”得到了氧气国王

的命令，侍卫们赶紧行动，不一会儿一模一样的氯化铵先生又重新出现在了观众眼前。

“奇迹呀，氯化铵先生毫发无损地又出现了，真是令人叹为观止！”氢小姐解说道。台下的观众席里爆出了热烈的掌声，氯化铵微笑着鞠躬下台。

“哥哥，你没事吧。”一个同样全身白衣的铵盐家族男孩儿询问道。他是氯化铵的弟弟，他的名字叫硫酸铵，他担心刚才的分解术会影响到氯化铵的身体健康。氯化铵笑了笑，表示自己没事，硫酸铵这才放心地回到了自己的座位上。氯化铵没有再表演了，他近期有些劳累，作为氮肥家族的功臣，他有着“肥田粉”的称号，近期可把他忙坏了。他的小弟弟硫酸氢氨正在为哥哥捶背。硫酸氢氨具有强酸性和腐蚀性，他怕伤着金属朋友们，就决定了退出演出。

他们的堂兄弟是硝酸铵，他们铵盐家族都是很喜欢与水亲近的，很容易溶于水。而且，他们还会在水中施展分解术，让水变酸。本来奥委会是邀请硝酸铵作为火炬手的，但是他说自己害怕高温，高温高压等恶劣条件下他是会发生爆炸的。不过，观众朋友们现在无须害怕，在常温下他是很稳定的。

接下来这一位要表演的这位嘉宾，他可是位灭火高手呀，他就是碳酸铵。碳酸铵缓缓走上了舞台，观众们本来想跟这位灭火英雄打招呼，但是他身旁的观众都纷纷掩住了口鼻，因为他们闻到了强烈的氨臭味，这让碳酸铵觉得羞愧。他匆匆地表演完灭火术就走下了舞台。

主持人氢小姐察觉到了碳酸铵的尴尬，于是急忙补充道："感谢碳酸铵先生的精彩表演，下面我们有请他的兄弟碳酸氢铵先生上台表演。作为非金属盐家族的一员，碳酸氢铵先生自幼聪颖好学，具有许多大家意想不到的技能。他在分析试剂、化学肥料和食品高级发酵剂领域都有着卓越的成就。"

氢小姐说完，全场响起了雷鸣般的掌声，他们一齐向这位德才兼备的年轻人致敬。碳酸氢铵上台以后十分抱歉地说："大家对不起，我今天本来打算表演节目的，但是天气有些热，空气太潮，我恐怕不能为大家表演了，因为我既怕热又怕潮，一受热我会分解，一受潮我又会潮解，唉……"碳酸氢铵叹着气下了台，看来神通广大的他，也有困扰自己的烦恼呀。

"让我们表演吧！"铵盐家族的三个人异口同声地喊道。

"请问你们是？"主持人氢小姐疑惑地问道，显然她对这三个人不太熟悉。

"我们是碘化铵，溴化铵，还有氟化铵。"其中一个人回答道，"因为我们的性质不稳定，所以很少抛头露面，大家可能不太熟悉我们。"

首先表演的是碘化铵，他慢慢靠近了燃烧的火炬，火炬旁的高温让他瞬间分解，他顿时变成了黄褐色的碘和具有刺激性

气味的气体氨气。他表演完后，氧气国王派士兵将碘和气体氨气收集起来，然后又重新结合成了碘化铵。碘化铵的表演赢得了满堂喝彩，溴化铵和氟化铵也都为他拍手叫好。他们也想上台表演，但是氢小姐担心他们分解出的溴和氟刺激性太强烈，影响到观众的安全，就谢绝了他们的表演。主持人氢小姐说，即使他们两个不表演，观众朋友们也能想象出，他们的表演将如碘化铵的表演一样精彩。氢小姐的话让溴化铵和氟化铵感到非常欣慰，他们点了点头，十分荣耀地退出了演出的舞台。

第二十一章

神通广大的气体

“尊敬的观众朋友们，在精彩的开幕式表演后，我们非金属运动会比赛正式拉开帷幕了，接下来我们将进行的第一项比赛是反应比赛。众所周知，非金属家族人才济济，每一位成员都身怀绝技，但是谁才是最活泼的非金属呢？这得比赛一番才能得知。本场比赛的规则是，参赛代表团派出一名选手，上台来展示自己的反应绝技，反应范围最广者获得冠军。本次比赛22个代表团共派出了9名佼佼者参加（有个别代表团未派选手参加比赛），下面请大家用热烈的掌声欢迎我们的比赛选手入场。”主持人氢小姐用温柔的语调娓娓道来。她一说完，观众席上便爆出雷鸣般的掌声，在掌声中，非金属运动健儿们依次进场。

氢小姐看到了许多熟悉的面孔：氟气、硫、磷、硅、碳等。在队伍中间，她还看见了氧气国王，原来他也按捺不住，匆匆换下了王服，穿上了一身运动员的服装。氧气国王的参与让非金属们激动不已，他们都摩拳擦掌跃跃欲试。看到观众们情绪如此高涨，本场比赛气氛这样热烈，氢小姐脸上不由得绽放开了笑容。但是，当她看到最后一名运动员时，她立刻露出了恐惧忧虑的表情，因为那名选手是氯气。众所周知，她与氯气不合，只要遇到光照或者点燃，他们两个就会发生爆炸。所以氢小姐在看到他之后，为了避免冲突就匆忙躲开了。

因为这些参赛选手都技艺非凡，若是让他们挨个展示自己的反应技能，那么恐怕到天黑也决不出胜负，所以组委会们在商量之后决定实行淘汰制。比赛共分四轮，第一轮各参赛选手与金属反应，能发生反应的选手进入第二轮比赛。

随着一声清脆的锣响，第一轮比赛开始了。金属家族派出了她们性格温和，金属性很强的钠、钾、铝三位小姐作为裁判，钠小姐金属性很强，在金属家族是很有代表性的。若能与钠小姐发生反应的则可进入到下一轮，如不能，则很遗憾地被淘汰掉。首先上场的当然是氧气国王，他德高望重，呼声最高。氧气国王和钠小姐亲切地握了握手，他们是老朋友了。就在这握手的瞬间，钠小姐的手剧烈地燃烧，发出了耀眼的黄色火焰，不久便生成了一种淡黄色的固体。观众们高呼起来，氧

Na

气国王顺利地进入了第二轮比赛。

紧随其后的是硫先生，他生性有些腼腆，当她靠近钠小姐的时候并没有什么反应。他向组委会要求辅助，组委会答应了他的要求。他从身上取下一截头发，钠小姐也剪下了一段头发，硫先生把它们放进研钵里研磨，观众们立刻看到了剧烈的反应，随着研磨这一动作的加剧，接着竟出现了爆炸现象。硫先生顺利过关。

在接下来的比赛中，氟气、氯气、溴、氧气、磷、硫等这些活泼的非金属元素，都能与金属形成卤化物、氧化物、硫化物、氢化物和含氧酸等，他们也顺利地进入到了第二轮比赛。

第二轮比赛，组委会给出的题目是与氢发生反应。氢小姐报完幕，就走上了比赛的舞台。虽然她对氯气等非金属心有忌惮，但是为了能让比赛顺利地进行，她还是面带微笑，表现得十分和蔼友好。氯气一看遇到了老对手，就第一个冲上了台去。在阳光的照耀下，他们一见面就“轰”的一声发生了爆炸。剧烈的反应让台下的观众们目瞪口呆。

氯气由此通过了第二轮的比赛。氟、氯、溴、碘、砹五个同属卤元素，组委会们害怕他们家族再出现一个像氯气这样冒冒失失的选手，于是就让他们中非金属性最弱的砹为代表，与氢反应，若他能反应，那他们其他几个可以直接晋级。砹轻易通过了比赛，卤素家族也全部进入第三轮比赛。

随后，在观众的掌声中，腼腆的硫先生再次走上台来，与上次相同的是，他仍然要求辅助，不过这次的辅助条件是加热。每次都要求辅助，这让硫先生很不好意思，他因为羞怯脸有些微微发红。氢小姐很热情地配合着他，这让他放松起来。在加热的条件下，他与氢小姐之间竟然冒出了一阵黑烟，随着黑烟的扩散，观众们竟然闻到了臭鸡蛋的气味，这让观众们纷纷掩住了口鼻。

而氧气国王在这轮比赛中，也使用了辅助，在点燃的条件下，他与氢小姐反应产生了水，观众们为他高呼呐喊，氧气国王进入了第三轮比赛。

进入第三轮比赛的都是非金属王国中的佼佼者，氟、氯、溴、碘四位卤素，还有氧气国王。第三轮组委会给出了更刁难的题目，让选手们与水发生反应，若能反应，则可进入最后的决赛。前两轮题目氧气国王都顺利地通过了，但是这一关却难倒了他。他知道自己无论使用任何的辅助，都不可能与水发生反应，于是便向组委会请辞，退出了比赛。而硫先生也败下阵来，因为他也没法与水发生反应。角逐在卤素之中展开，但是这轮比赛并没有让他们决出胜负，因为他们都顺利地与水发生了反应。观众们对他们的本领赞叹不已，只有碳元素对此不太服气。因为若使用高温的辅助，他也可以与水发生反应，但是他在前几轮的比赛中已经被淘汰了，所以没有机会施展自己的

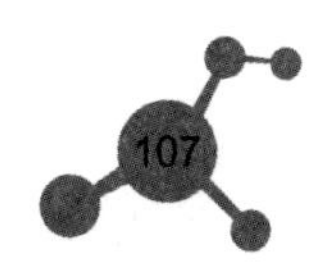

本领。

由于氟、氯、溴、碘四位是堂兄弟，他们都属于卤素家族，所以所学的技能都很相似，所以组委会觉得第四轮比赛没有必要再比下去，因为他们四个兄弟之间本来就有排名，氟气最大，其次是氯气，再次是溴、碘。组委会一说出他们的决定，就得到了现场观众的赞同。他们已经见识到了卤素家族的本领，也很清楚他们之间的排名，所以一致赞成组委会的决定。

在本场的反应比赛中，卤素家族获得了最活泼非金属的冠军，卤素家族大哥氟气作为冠军代表进行了发言，在发言中他说道："今天大家只看到了我们卤素家族的部分技能，其实我们还有很多的本领没有展示，希望能在以后的比赛中为大家展示。另外，虽然我们获得冠军，但是我知道，其他的非金属同胞们也有广大的神通，例如，虽然非金属一般不与非氧化性的稀酸反应，但是，硼、碳、磷、硫、砷等却能被浓酸氧化。再例如，非金属中，除了碳、氮、氧外，大家一般都会和碱家族反应，这是我们非金属非常神奇的技能。最后，我希望咱们非金属家族以后互相交流，争取更大的进步。"

氟气的感言非常谦逊，没有一丝获得冠军后骄傲的神情，他没有标榜自身，反而提到了很多其他非金属元素的本领，这让所有的观众都十分愉快、满足，他们都齐声为他喝彩。

第二十二章
曼妙女郎——非金属的体重

今天是非金属王国运动会的第二天，奥林匹克运动场的天空蔚蓝透彻，白云朵朵，非金属王国的臣民们都已经在观众席上坐好，他们怀着激动的心情等待着今天比赛的开始。今天的比赛围绕的主题是非金属的体重，比赛将选出体重最轻的非金属，氧气国王将冠以她“曼妙女郎”的称号。

但是非金属单质人数众多，又形态不一，该怎样测量他们的体重呢？这让大赛的组委会犯难。如果用体重秤来称量的话，像碳、硅、磷这样的选手倒是可以测量，但是像氢、氮、氧这样气态性质的选手该怎样测量呢？另外，大家都知道，非金属王国的臣民们都十分在意自己的身材，他们的实际体重特别特别小，有的甚至连一粒微尘的体重都比不过。所以，如果用一般的体重计去测量他们的体重的话，就会出现很大的误差，这样就会影响比赛的公平性。组委会的成员有的建议去找特别小的尺子来测量他们的腰围，有的建议打造一杆特别精准的秤来测量，但是不管什么建议，都不能博得所有人的认同。组委会的人争持了一个上午，都没有得到一致的结论。等了一个上午都没有看到第二场比赛，这让现场的观众们开始着急起哄起来。氢小姐一直在安慰观众朋友们，请他们耐心等待，但是最后她也控制不了观众们的怨气了，只好将这件事情禀告了氧气国王。

氧气国王听说后，摸着长长的白胡须思考了一阵，然后想出了一个绝妙的主意。他对组委会的成员说："不需要尺子，也不需要体重计，准备一个跷跷板就可以了。"

"跷跷板？用跷跷板怎样测量元素们的体重呢？"组委会主席氮气先生疑惑地问道。

"让我们身材最曼妙小姐坐在跷跷板的一端，选手坐在另一端，直至跷跷板平衡。这样我们可以把任何一位选手与氢小姐体重的比值，当做这位选手的体重。"氧气国王捋着胡子笑呵呵地解释道。

"对呀！真是个好主意呀！"

"这主意太妙了！还是国王陛下见多识广！"组委会成员纷纷称赞道。

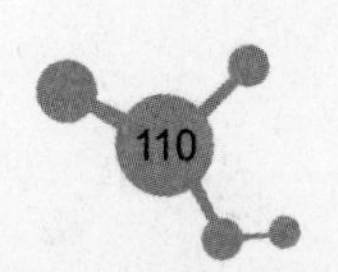

按照氧气国王的办法，运动会的第二场比赛正式开始了。选手们陆续走到了赛场上。氢小姐是多年的“曼妙女郎”的冠军，她的好身材一直让非金属王国的百姓们羡慕不已。现在，比赛开始了，氢小姐和她的姐妹们扭动着纤细的腰肢走到了台上，她们全都长得一模一样，体重也分毫不差。

第一个上场的是碳小姐，她身材虽然比不上氢小姐那样的纤细，但是却很匀称。她坐在跷跷板的一端，一个氢小姐坐在另一端，跷跷板倾斜着纹丝不动。于是，两个、三个氢气小姐坐了上去，跷跷板开始摇摆。最后当六个氢气小姐坐在跷跷板上的时候，跷跷板终于平衡了。记录员开始记录成绩，一个碳小姐等于六个氢气小姐。

但是测到磷先生的时候，比赛却出现了意外。因为，当磷先生坐在跷跷板的一端，若十五个氢小姐坐在另一端，则磷先生那边比较重；若十六个氢小姐坐在另一端，那么氢小姐这边稍微重一点。组委会们又没有了办法，于是只好再去请示氧气国王。氧气国王当机立断地说，让磷先生和他的双胞胎兄弟一起坐上去。结果，两个磷先生的重量正好是31个氢小姐的重量。

磷先生的体重虽然测量了出来，但是组委会的成员们又遇到了新的问题。因为磷先生并不是所有参赛选手中最重的，但是这次比赛氢小姐姐妹们一共只过来了31个人，要是其他选

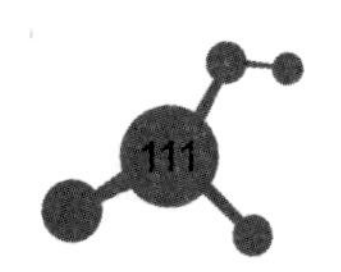

手再上场的话，那么就没办法再测出他们的体重了。最后，组委会主席氮气先生建议道："氢小姐的身材太过纤细，体重太轻，我们要是以她作为测量体重的标准，那像惰性家族的成员们的体重就无法测量了。我们必须选择一个体重匀称的人来作为测量的标杆。"

"我建议氦气小姐来担任测量标杆，她体重虽轻，却是氢气小姐的两倍，我觉得她适合做测量标杆。"组委会评审二氧化碳先生说道。

"我觉得氦气小姐也不合适，她的体重还是有些轻，如果她遇到氡先生这样的身材，还是非常不适合测量的。"组委会主席氮气先生说道，"我觉得碳小姐比较适合，她身材匀称，体重是氢小姐的六倍，而且家族人员众多，就是遇到氡先生这样身体庞大的，也能够测量。"

"那碳小姐是氢小姐的六倍，一个磷先生是十五个半氢小姐，这样我们该如何记录呢？"二氧化碳评委提出了一个问题。

"这样吧，我们把氢小姐的体重计为2，这样碳小姐为12，磷先生为31，就可以避免出现小数了。接下来我们测量的时候，就以碳小姐为基准。等到快平衡的时候，再以氢小姐补充。"氮气先生说道。这个方法得到了组委会所有成员的赞成。

按照组委会新的测量方法，大赛记录员重新整理了参赛选

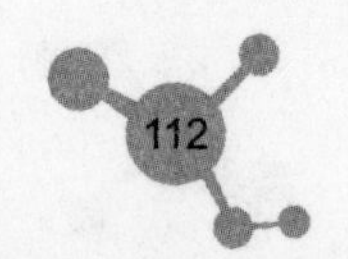

手的体重。重新记录的体重结果是：氢气小姐为2，碳小姐为12，氦气为4，氧气国王为32，氮气主席为28，磷先生31，硅先生为28，硫先生32，氯气先生为79，惰性气体家族的氩为40、氖20，硼小姐为11，氟气为38。

正当组委会以为非金属王国臣民的体重保持得非常匀称的时候，这时候来了几位重量级的人物。首先走过来的两个人是溴先生和碘先生两位堂兄弟，他们一边走着一边争吵不休。

“你看看你的腰围，都这么粗了，竟然还敢说我比较重！”溴先生指着碘先生的肚皮说道。碘先生不好意思地掖了掖衣襟，好让它裹紧自己的大肚子。虽然他知道自己比溴先生重，但是还是逞强不认输。他不服气地说道：“你以为自己身材很好吗？到时候称一称就知道了。”

“溴先生，碘先生，你们别吵了，组委会都等急了。我们赶紧过去测量吧。”氢小姐着急地对他们两个说。经过氢小姐的劝说，他们俩才停止了争论，来到了测量台上。

“你们两个谁先测？”氮气先生问道，“碘先生你先来？”

“不，我才不。”碘先生紧紧地裹着自己的肚子说道，然后他指着溴先生道，“让他先测。”

“好，我先测，胆小鬼。”溴先生故意羞辱碘先生道。然后他一下子坐在了测量的跷跷板上。跷跷板的另一端高高地撅起，直指天空。碳小姐一个个地坐了上去。最后跷跷板平衡的

时候，上面一共坐了十三个碳小姐和两个氢小姐。记录员赶紧记录计算，得出最后的结论——溴气先生的体重是160。溴先生的重量让大家大吃一惊，也让碘先生顿时舒缓了压力。但是碘先生测量的结果，更是出人意料，他的体重高达254，这让在场的所有人惊呼不已。

接下来又出现了几位重量级的选手，砷先生体重75，硒先生79，碲128，氙131。而公认自然界最重的气体氡先生体重也突破两百，重达222。

但是体重最重的却不是氡先生，而是卤素家族的砹先生，他的体重高达420，真是令人叹为观止。经过一天的比赛，氢气小姐再次夺得“曼妙女郎”的冠军，惰性气体中的氦气小姐紧随其后，获得了第二名。

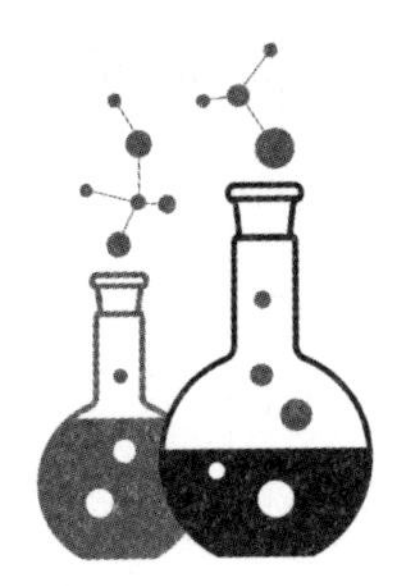

第二十三章

导电，我不怕——非金属的导电性比较

“尊敬的各位来宾，亲爱的观众朋友们，大家好。在这阳光明媚，秋风飒爽的季节，我们非金属王国的运动会也正如火如荼地进行着。在前两场的比赛中，经过勤学苦练的非金属运动健儿们取得了优异的成绩。今天他们又会带给我们什么样的惊喜呢？接下来的这场比赛是关于导电性的比赛，虽然我们非金属家族中有众多的绝缘专家，但是我们之中也有导电能手，在导电性的比赛中，谁又将夺得头彩呢？让我们拭目以待。”温柔的氢小姐通过话筒将声波传达到运动场的每个角落。

关于导电性的比赛让22个代表团犯难。众所周知，术业有专攻，金属材料才是导电的专家。比如，在这次运动会中，所有的灯光、仪器还有氢小姐拿的话筒，里面导电的材料都是金属，他们非金属所要做的事情呢，就是做成柔软的表皮包裹在金属丝的外面，让他们不与大气接触，避免他们不小心发生了反应，被损害到。可是，这一次，非金属运动会怎么会专门设置一场关于导电性的比赛呢？明明知道他们不能导电，还设置这样的比赛，岂不是让作为嘉宾的金属朋友们看笑话吗？

就在非金属代表团们议论纷纷的时候，比赛的锣声已经敲响。氢小姐的声音再次通过话筒传送了出来：“亲爱的参赛代表团们，随着一声锣响，导电性比赛已经拉开了帷幕，请让你们的选手们尽快到比赛场地集合。”氢小姐说完，所有的代表团都无动于衷，无奈之下，氢小姐只好又重复广播了一遍：“请参赛选手们迅速到比赛场地集合，如果比赛开始后十五分钟还未到达者，按照规则，将取消其参赛资格。”

在主持人氢小姐的提醒下，代表团们只好派出了自己的代表，气态的非金属们根本不可能导电，于是直接弃权了。固态的非金属们派出了代表参加比赛，他们分别是硼、碳、硅、磷、硫、砷、硒、碲、碘。

组委会指定的导电比赛的规则是这样的：将通电的导线的一端接上电灯泡，另一端插上电源，然后将导线取下一截来，如果这些参赛的非金属们能将这一段连接通电，让电灯变亮，那么他就赢得了比赛。

“下面有请我们的第一位参赛选手硼先生。硼先生家族历

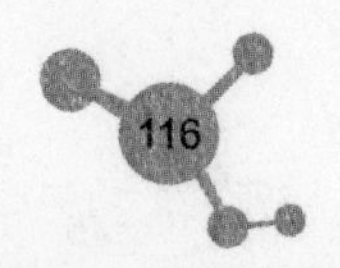

史悠久，在约公元前200年，古埃及、古罗马、古巴比伦就曾用他制造玻璃和焊接黄金。观众朋友们，请看，体格健硕的硼先生已经走向了运动场。他马上就将参加导电性的实验，他到底能否成功将断开的导线连接，让电灯变亮呢？让我们拭目以待吧。”氢小姐眉飞色舞地解说着。而坐在观众席的非金属臣民们心中则充满了好奇，他们想：“难道我们非金属真的能导电？”

硼先生心中非常忐忑，他也不清楚自己是否具备导电的能力。虽然作为非金属，他不能导电也无可厚非，但是这一刻万众瞩目，大家在他身上倾注了太多希望，作为第一个选手，如果他不能完成任务的话，那势必让非金属王国的成员们大失所望，信心受挫。这样，非金属们恐怕再也没有勇气来挑战导电这项技能了。所以，硼先生的心里十分紧张，他一直暗示自己：“镇定，镇定。”

他的额头上冒出了汗珠，一步一步缓慢又郑重地走到了那段缺失导线的中间，他颤巍巍地伸出手握住了导线的两端，因为害怕不能成功，他屏住呼吸，闭上了眼睛。观众们停止了议论，睁大眼睛看着他，看着那个拴在导线另一端的灯泡。1秒钟，2秒钟，3秒钟……一分钟过去了，灯泡并没有亮。观众们已经得知了结果，他们发出了哀叹的声音，并不是责怪硼先生，而是对非金属的导电性表示失望。

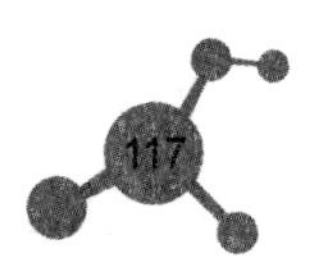

B

“灯泡没有亮吗？可是，我分明感觉身体里有电流通过呀。”硼先生睁开了眼睛，他心里充满了疑惑。刚刚在他连接上导线的那一刻，他突然感觉身体里麻酥酥地流淌着什么，“难道那不是电流？”

“很遗憾，硼先生，灯泡没有亮，您不具备导电性。请您不要自责，这不是您的过错，本来我们非金属一直以来都是作为绝缘体的。”氢小姐看到硼先生露出难过的表情，于是安慰道。

“不，我不相信，我的确感到了电流。我要求辅助！”硼先生坚决地说。

“辅助？”氢小姐没想到硼先生如此坚持，“噢，可以。请问您需要什么辅助呢？”

“高温，我要求高温。”硼先生当机立断，他知道高温能加快他身体中电子的移动，让他更具导电性。

组委会答应了硼先生的要求，他们知道硼先生是很耐高温的，于是就用烈火给硼先生加温。奇迹出现了，随着温度的不断升高，本来熄灭着的灯泡慢慢发出了微弱的亮光，最后它变得非常明亮，像用金属做导线那样的明亮。观众们集体欢呼起来。原来非金属也是可以导电的，硼先生能做到，那他们非金属都有可能做到，只要给他们高温。

见证了硼先生的奇迹，卤素家族的碘先生就迫不及待地跑

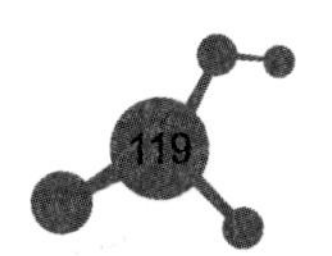

上台来，他也想验证自己的导电性。没等氢小姐解说，他就握住了电线的两端，要求氢小姐给其辅助。

“碘先生，你要求什么辅助呢？我记得您不耐高温的呀。”氢小姐神色中有一丝的担忧。

“是呀，何止是高温，到184.35℃，我就气化了，唉。”碘失望地说，“硼在高温下导电，这不是每一个非金属成员都能效仿的呀。”

“碘大哥，不要叹气嘛。尺有所短，寸有所长，大家各有各的长处呀。你们卤素家族在非金属王国中一直都是备受推崇的呀！”碳家族的选手石墨对碘先生说。

“是呀，碘先生，我相信你们在以后的比赛中肯定会取得好成绩的。”主持人氢小姐也安慰他说。碘先生听了他们的话，这才恢复了信心，他急忙下台准备其他比赛去了。

“石墨先生，您好，请问您也需要什么辅助吗？我可以提前准备。”氢小姐说道。

“呵呵，不必了，氢小姐。”石墨先生和颜悦色地说，“导电对我来说实在太普通不过了。”

氢小姐不再说话，她觉得石墨先生真的很狂妄，她不相信非金属成员们都觉得困难的事，他就能轻易做到。但是，接下来的一幕让氢小姐知道石墨先生并没有说大话。当石墨先生连接起断开的导线后，电灯泡立刻变得非常明亮。而石墨先生并

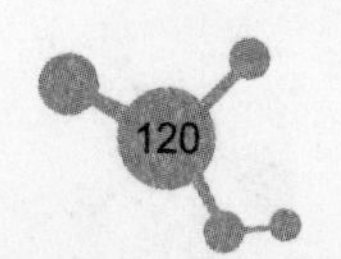

没有使用任何的辅助，这让氢小姐和现场的观众目瞪口呆。随后他们就欢呼起来，石墨先生的成功增加了非金属对于自身导电性能的信心。

“石墨先生，作为非金属，你居然能轻而易举地导电，您能给我们讲几句吗？”氢小姐说道。

“呵呵，导电的材料可以分为导体和半导体，像硼先生那样，在平常温度下不能导电，在高温下能导电的属于半导体。而我是导体，在常温下就能导电。”石墨先生笑呵呵地解释道，“我们非金属家族的导体和半导体肯定还大有人在。”

在随后的比赛中，果然印证了石墨先生的话。磷家族的黑磷先生和砷家族的灰色砷晶体先生也点亮了电灯泡，属于导体，而硒、碲、硅先生则像硼先生一样属于半导体。

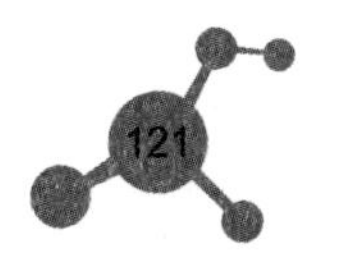

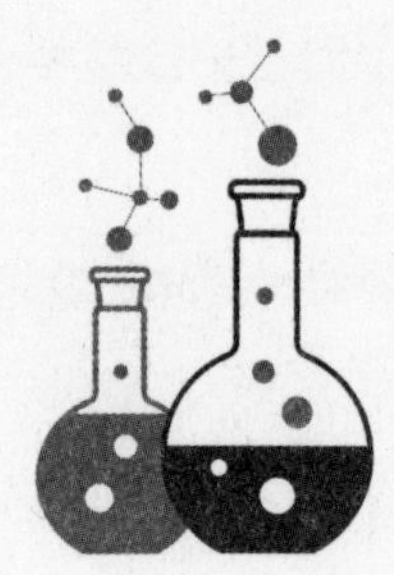

第二十四章

软弱者，请走开——非金属的硬度比较

日光和煦，金风送爽，非金属王国的运动会正如火如荼地进行着。非金属的运动健儿穿着红色黄色相间的灿烂运动服，脚上穿着白色的运动鞋，他们体格健硕，身姿挺拔，展示出非金属王国臣民昂扬向上的精神风貌。看台上的观众情绪更是高涨，热血沸腾，他们打着“爱运动，爱非金属王国”的标语，奋力地挥舞着手中的旗帜，高呼着，呐喊着，呐喊助威的声音震天动地。天空中飘移的白云被他们的热情感染了，不由自主地停下了脚步，观望着地面上这热闹的景象。

即将开始的比赛项目是硬度比赛。比赛场地已经搭好，那是一个三米高，二十米宽的正方形高台，高台周围像拳击比赛那样加设了护栏。主持人氢小姐拿着话筒从高台右侧的台阶缓缓走上了高台，她用悦耳的声音解说道："尊敬的各位来宾，亲爱的观众朋友们，大家好。从大家的震耳欲聋的呐喊声中，我感受到了大家对本次非金属运动会的热情。在本次运动会中，非金属运动健儿们本着'友谊第一，比赛第二'的奥运精神，发扬艰苦奋斗的风格，勇攀高峰，勇夺冠军，不仅取得了优异的成绩，而且给大家奉献了一场场精彩绝伦的视觉盛宴。而接下来的这一场比赛，更是一场强强对抗，勇者争锋的比赛，这就是万众期待的硬度比赛，下面有请我们的运动员们闪亮登场。"氢小姐一说完，观众席便爆出像雷鸣一样的呐喊声。伴着呐喊声和慷慨激昂的《运动员进行曲》，参加硬度比赛的非金属选手们陆续登场了。

运动员们登场后，氢小姐再次解说道："本次比赛共有十一名运动健儿参加，他们分别是硼、石墨、金刚石、硅、磷、硫、砷、硒、碲、碘、砹，让我们用热烈的掌声欢迎他们，祝愿他们在比赛中获得好成绩。"观众再次欢呼，掌声如潮汐。

"本次比赛采取的是小组淘汰制，上一届的冠军得主金刚石先生将直接进入决赛，其余十名选手将分成五组比赛，优胜者进入决赛。"组委会主席氮气先生快速地翻动着笔记本，介绍着比赛规则，"下面我将请其余参赛选手抽签决定比赛分组。"说完之后，主持人氢小姐手拿竹签再次走到赛台上，竹

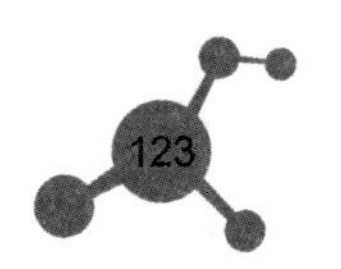

签上写着运动员们的名字。运动员们依次抽完签，比赛分组就决定好了：第一组，硼与磷；第二组，硅与硫；第三组，砷与碘；第四组，硒与砹；第五组，碲与石墨。

“各位运动员们，初赛中，我们将实行硬碰硬的撞击比赛，比赛时间为一分钟，一分钟之内完好无损者胜出，外型受损者则被淘汰。”比赛开始前，氢小姐强调了初赛的比赛方式。她说完之后，第一组选手硼先生便昂首挺胸走上了擂台。他的亲友团摇旗呐喊，锣鼓齐鸣，为硼先生加油。硼先生穿着红色的运动裤，袒露着胸膛，他身强力壮，肌肉结实，无比魁梧。他向在场的观众们挥舞着手，然后握拳曲臂，露出像铁疙瘩一样结实的肌肉。这时，磷先生入场了，他穿着白色的运动裤，肤色也是白的，看上去腼腆文弱。他腼腆地朝观众们挥了挥手。虽然大家都知道他并不是硼先生的对手，但仍然鼓掌为他加油打气。磷敢于向高手挑战，也勇气可嘉！

本着“友谊第一，比赛第二”的体育精神，硼先生和磷先生先握手，然后相互鞠躬，以表示对对方的友谊和尊重。必要的礼仪结束之后，硼、磷先生立刻躬身弯腰，稳扎马步，进入了战斗状态。硼先生高大威猛，站似劲松，表情镇静，并没有因为自己的身体优势而轻易行动。这让磷先生心中摸不着底，他自知不是硼先生的对手，于是急于先下手为强。他退后几步，站定，原地踏步，然后以迅雷不及掩耳之势向硼先生冲

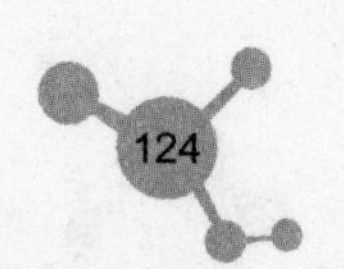

去，箭一般的速度加大了磷先生的冲击力，让他的力量比平常增大了数倍。观众们瞪大眼睛，神情专注地看着眼前的景象。只听“砰”的一声，磷先生四分五裂，无数粉末状的磷屑从磷先生身上迸射出来。本来块状的磷先生变成了粉末状的磷先生，而硼先生则毫发无伤。硼先生摸了摸头，觉得有些歉疚，因为他把磷先生弄得粉身碎骨了，但是这并没有损害到磷先生的化学结构，所以不影响磷先生的健康。观众们沸腾起来，他们高呼着硼先生和磷先生的名字。硼先生是胜利者，而磷先生是勇者。在鼓励的声音中，磷先生迅速恢复原状了。硼先生进入决赛。

在接下来的几组比赛中，硅先生战胜了硫先生，砷先生打败了碘先生，硒、砹、碲、石墨见识到硼先生的坚硬之后，知道自己不堪一击，于是主动放弃了比赛。如果说上一届的冠军得主金刚石硬度系数有十颗星的话，那他们的硬度系数连三颗星都不到，根本不该参加硬度比赛。经过第一轮的比赛，进入决赛的选手有金刚石、硼、硅和砷。

“观众朋友们，激烈又紧张的时刻到了，经过第一轮的比赛，硬度最强的四位选手已经脱颖而出，他们是金刚石、硼、硅、砷四位选手，让我们用热烈的掌声为他们祝贺。”氢小姐笑脸盈盈地说道，“俗话说，强中更有强中手，在四位优胜者中，究竟谁的硬度最强呢？是我们上一届的冠军得主金刚石先

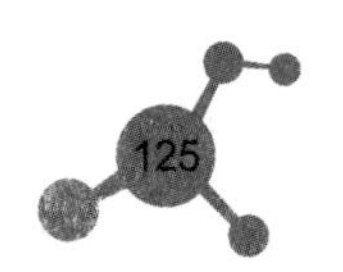

生，还是人气最高的硼先生？是实力不可小觑的硅先生，还是超常发挥的砷先生？让我们万众瞩目，进入决赛。下面请组委会主席氮气先生宣读决赛规则。”

“好的，谢谢氢小姐的解说。”氮气先生接过话筒说道，“决赛的规则是这样的，组委会已经准备好一块宽大、厚度均匀的金属板，要求参赛选手站在助跑线上，发令枪一响，选手一起撞向金属板。组委会将测量选手们留在金属板上的撞痕深度，深度最深者获胜。”

氮气先生宣读完比赛规则之后，运动会的志愿者们便把一块厚重的黑色金属板搬到了赛台上，并在它的后面用铁架子固定好，然后又在距离金属板两米外的地方用白漆划了一条直线。裁判吹响了准备口号，四位选手已经在白线处站定。砷先生摩拳擦掌，跃跃欲试。硅先生弯腰曲背，活动着筋骨。硼先生马步稳扎，准备就绪。金刚石先生面带微笑，光芒四射，从容不迫。在裁判发出“准备”的口令之后，四位选手立刻从准备状态进入比赛的状态，他们肌肉紧绷，青筋暴露，目光如炬，紧紧地盯着面前那块金属板。而此时观众们也屏住呼吸，全神贯注地看着赛台。

“啪”的一声，裁判的发令枪响了，四位运动员用尽全力猛烈地向金属板冲去，“哐啷，哐啷”金属板连响四声，伴随着轰鸣的响声，坚固的板子上出现了四个深浅不一的凹坑。

金属板的边缘剧烈地颤动着，但是因为铁架的固定，它并没有挪动一丝一毫。四位运动员毫发无伤，他们活动了一下筋骨，便挥挥手离开了赛台。然后记录员们上场开始测量选手们的成绩。一刻钟之后，组委会主席氮气先生宣读成绩：“尊敬的各位嘉宾，亲爱的各位观众朋友们，下面我将宣读各位选手的硬度系数。第四名，砷先生，硬度系数4。第三名，硅先生，硬度系数6.5。第二名……”氮气先生顿了顿。砷、硅的排名硬度差距较大，并没有悬念，但是硼与金刚石都把金属板撞了一个大坑，深度相似，所以冠军花落谁家，让大家议论纷纷。

“硼！”“金刚石！”观众们喊道。

“第二名就是……硼先生！”氮气先生宣读道，“他的硬度系数高达9.3。”观众席爆出热烈的掌声，他们为钢铁一般的硼喝彩。

“我们的冠军得主是金刚石先生，他的硬度系数高达10。恭喜他！”氮气先生为金刚石先生喝彩道。观众们为金刚石再次获得冠军欢呼起来。

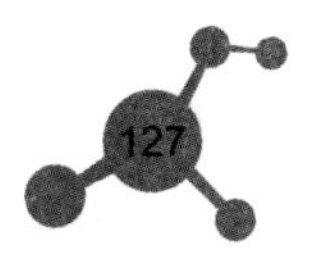

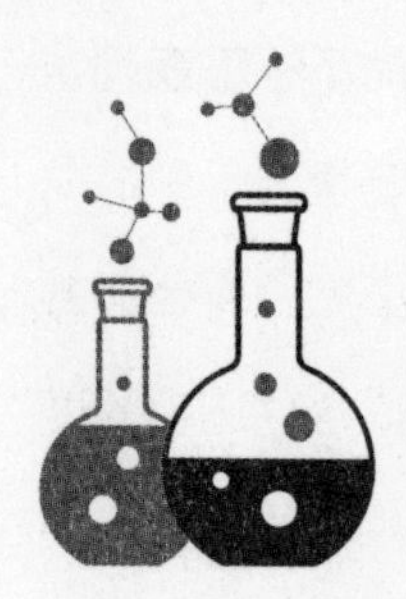

第二十五章

同胞双兄弟的较量——石墨和金刚石的比较

金刚石蝉联了硬度比赛的冠军，这让他获得了极高的赞誉和声望，硬度比赛结束后，非金属奥运时报的记者们专门采访了他。

“您好，金刚石先生，祝贺您再次获得冠军，您真了不起。”奥运时报特别记者白磷小姐用崇拜的眼神看着金刚石先生说道，“蝉联硬度冠军后，您有什么获奖感言吗？”

金刚石安静地听着白磷小姐说话，他浑身晶莹透亮，运动场上的灯光照在他身上，让他看起来更加的光彩夺目。他的光芒四射又坚不可摧，真是万中无一，但是他并没有因此沾沾自喜。他并没有发表什么获得冠军的感言，而是谦虚地说：“谢谢您的祝贺，不过我感觉自己只是非金属家族普通的一员，没有什么了不起。能够获得硬度冠军，只是缘于我本质坚硬。在这里，我想要特别感谢我的双胞胎哥哥石墨，是他帮我报的名，又陪我来参加硬度比赛。冠军的奖牌属于我也属于他。”

“我真为你们的兄弟情义而感动。”白磷小姐眼中含着泪花说，她已经被金刚石和石墨深切的兄弟情义感动，“虽然石墨先生在硬度比赛中早早退赛，我们大家没有机会一睹他大展身手。但是观众朋友们，下一场比赛就是金刚石与石墨两兄弟的较量，让我们拭目以待。”白磷小姐以下一场比赛的预告结束了采访，而结束采访后的金刚石则匆匆返回了赛场。在接下来的比赛中，他将与石墨在熔点、反应、光泽、用途等方面进行较量。

“尊敬的嘉宾，亲爱的观众朋友们，伴随着阵阵锣鼓声，我们非金属的运动会越来越精彩。刚刚结束了非金属硬汉们的硬度比拼，现在又迎来了一对双胞胎之间的对决。对于这两位选手，我们并不陌生，他们就是金刚石先生与石墨先生。接下来的时间属于他们，有请他们！”氢小姐解说道。

她说完，金刚石和石墨面带着微笑，肩并着肩走到了赛台上。金刚石晶莹美丽，光彩夺目，是自然界最硬的矿石。而石墨乌黑柔软，是世界上最软的矿石。听到氢小姐介绍他们是双胞胎兄弟，观众朋友们都瞪大了眼睛，用不可思议的眼神看着他们。这外形、本领迥异的两个人，怎么会是双胞胎呢？

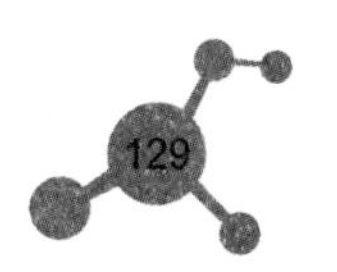

“各位朋友大家好，我是金刚石。”

“我是石墨。”

“虽然我们的名字不同，但是我们都属于碳单质。在硬度比赛中，大家已经看到了我们之间硬度的差别，但是我们还有更多的不同。在这里，我们准备了三个比赛，首先是熔点比赛。”

在比赛的赛台上，早就架起了两堆篝火，火焰熊熊，火苗乱窜，仿佛群魔乱舞。在火焰中，运动会志愿者们放置了两支特制的耐高温温度计。炙热的火焰将温度计烧得通红，因为它是极耐高温的材料，所以不但没有受到损伤，反而确切地显示出此刻火焰的外焰温度，外焰温度高达2500K了。

金刚石与石墨兄弟彼此交换了一下眼神，然后分别从自己的身上取下一部分投入到火焰中。璀璨的金刚石、漆黑的石墨瞬间即被烈火包围，但是他们却丝毫没有变化。灼热的火焰并没有使他们变软继而化成液体。

“这点温度奈何不了我们。”石墨说道。

“继续投放燃料，升高温度。”金刚石建议。一个志愿者提着一小桶汽油从赛台下小跑过来，烈火的炙烤让他满面通红，汗流浃背。他往两堆篝火中分别倒了半桶汽油，火焰顿时蹿升了数倍，大火袭天，火光照得整个体育场通红发亮。此时，温度计的示数飙升，蹿到了3500K，然后大家逐渐看到

了变化——火焰中的金刚石和石墨似乎柔软了下来。当温度计示数指示到3773K的时候，观众们看到石墨变成了液体。而随后，温度高达3823K时，金刚石也变成了液体。他们俩的熔点相差无几，但石墨略低于金刚石。

第一场比赛终结，氧气国王命灭火小队迅速扑灭了大火。第二场比赛是导电性比赛，前面的比赛中已经证明了石墨先生的导电性，本场比赛的测试主要针对金刚石先生。志愿者们按照上次导电性比赛的方式，把仪器搬到了比赛场地，金刚石连通了断开的导线，灯泡并没有亮。而金刚石先生也没有申请任何辅助，他深知自己的特点，在导电性方面，他甘拜下风。

第三场比赛是关于化学性质的比赛。因为金刚石与石墨在非金属中都属于不太活泼的，所以他们在化学性质的比赛中主要是与酸类、碱类等反应。石墨和金刚石的化学性质的比赛几乎愁坏了整个组委会，石墨在常温下有良好的化学稳定性，能耐酸、耐碱和耐有机溶剂的腐蚀，而金刚石的化学性质也十分的稳定，他也具有耐酸性和耐碱性。这让组委会无法分出他们之间活泼性的高低。最后，经过组委会将近两个小时的仔细实验分析，终于比对出石墨的化学性质比金刚石稍显活泼。例如，其中一个比赛项目是这样的：让石墨先生与金刚石先生与硝酸反应，在平常的温度下，他们两个都没有与硝酸发生反应。但是石墨先生申请使用加热的辅助，金刚石先生赞同了。

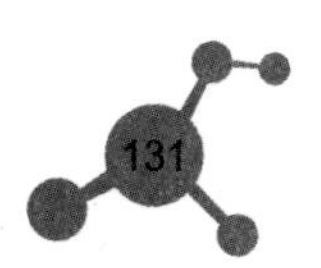

在都使用加热辅助之后，石墨先生与硝酸先生发生了反应，而金刚石先生仍然没有丝毫的变化。活泼性比赛的结论由此而出。

第四场比赛，是关于二者导热性的比赛。导热性，主要是针对固体传递热量能力的测量。在这场比赛中，金刚石先生以极大的优势战胜了石墨先生。石墨先生的热导率为129W/m·K，而金刚石的热导率可达2000W/m·K，这让组委会大吃一惊，他们公认金刚石是目前最好的热传导物质。石墨先生虽然输掉了导热性比赛，但是在后来的润滑性、可塑性比赛中，石墨先生凭借自身硬度低，柔韧性好的特点完胜金刚石先生。

在鲜花、掌声与称赞中，金刚石和石墨双胞胎之间的较量圆满结束，双方各有输赢，比赛的胜负并没有影响他们的兄弟情义，令他们备感欣慰的是大家对他们有了更加深切的了解。

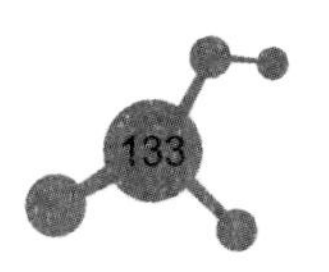

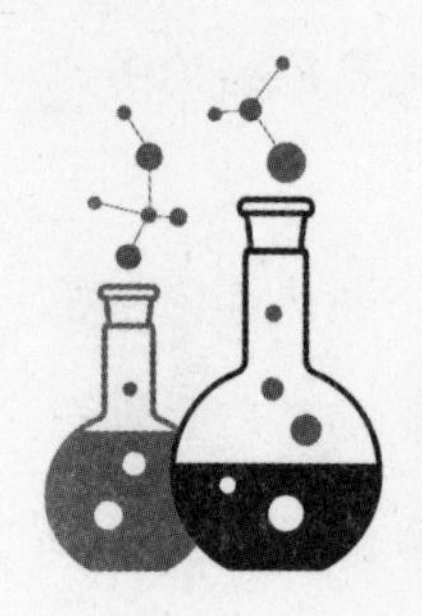

第二十六章

形象大赛——非金属的颜色比较

不知不觉中非金属运动会已经渐渐步入高潮，氧气国王捋着山羊胡看得不亦乐乎，组委会主席氮气先生看到本次奥运会如此和谐圆满，心中十分欣慰。观众们更是心潮澎湃，热血沸腾，他们也想像运动员那样，在赛场上大显身手，过过瘾。可是，他们大部分都是非金属中的普普通通的一员，没有金刚石那样坚不可摧的质地，也没有氟气那样活泼的化学性质。

一个皮肤赤黑的小子早就坐不住了，他是观众中欢呼声最大，喊得最起劲的那个。石墨获得导电性冠军，金刚石在硬度比赛中夺冠，氟气先生在活泼性比赛中大显身手，都引得他摩拳擦掌、跃跃欲试。这不，在两场比赛休息的空当，他从观众席上溜出来，越过重重人群，跑到氧气国王跟前。

“尊敬的氧气国王，我也想参加奥运会。”他郑重其事地对氧气国王说道。

“哈哈，好小子。可以呀，你有什么本领？”氧气国王和颜悦色地说道。

“我能燃烧，我能导电，我有好多好多的本领。”

“如果我没猜错，你是磷家族的黑磷吧。”氧气国王打量了他一下。黑磷点了点头，表示默认。“自古英雄出少年，好小子，你想去参加什么比赛，就去报名吧，我给你颁发特别通行证。”

“太好了，谢谢国王陛下！”黑磷高兴地跳了起来。然后，他又试探着问：“陛下，我的爷爷奶奶，姐姐妹妹，还有小氦、小氖、小硅，他们都想参加比赛，但是他们没有我这样的本领，国王陛下，你能不能举办一场大家都能参加，都能得奖的比赛呢？”黑磷眨着大眼睛问道，那双大眼睛忽闪忽闪的，目光清澈，满含真诚。氧气国王的内心顿时柔软了下来，他觉得自己不能拒绝一个孩子的真挚的请求。于是他痛快地答应了下来，让黑磷带着想参加比赛的人们赶紧去报名。黑磷高兴地边跑边挥着手喊道：“爷爷奶奶，小氦、小氖、小硅，国王批准啦，我们都可以参加比赛啦！”

“运动会是属于全部非金属成员的，重在参与，怎么才能让所有的非金属百姓们都参加到运动会之中呢？”氧气国王看

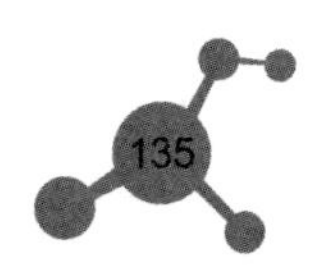

着欢呼雀跃的黑磷陷入了深思。

“氮气先生，你看能不能在运动会中临时增加一个项目，让现场想参加运动会的观众也可以报名参与，这个项目重在参与，不在竞技？”氧气国王与组委会主席氮气先生商量。

“增加比赛项目可以，但是要想加一个所有观众都有机会参加的项目，就有些困难。”氮气先生皱着眉头思索，“非金属是个大家庭，每一位元素都有自己的性格特点，差别太大。”

“这样吧。”氧气国王思考了片刻说，“组织一个形象大赛，展示非金属王国臣民的绚丽多姿，可以多设置几个奖项，比如最绚丽奖、最洁白奖、最清纯奖等。”

“嗯，好的，这样大家都可以参与进来，而且都会有奖可拿。我这就去办。”氮气先生说完，就匆匆离开了。

在组委会的商讨下，非金属运动会临时特别增加了一个项目——形象大赛，专门针对非金属成员颜色的比赛。不管男女，无论老幼，都可以报名参加比赛，大赛共设置了十个奖项。

消息一经宣布，整个体育场都沸腾了，非金属群众们争相报名。这可忙坏了比赛的组委会和志愿者们，他们紧急集合，开始着手统计比赛名单，安排比赛场地，划拨比赛的分组。因为报名者众多，他们只好把同一家族的参赛者组成了一个方队。根据报名结果，组委会一共划分了17个方队，分别是无色方队、黑磷、白磷、红磷、紫磷、硅、硫、砷、硒、碲、

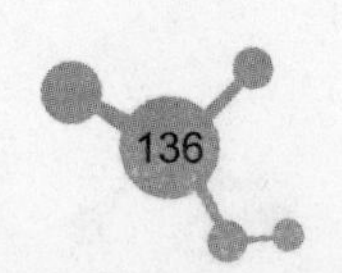

硼、石墨、氟、氯、溴、碘、金刚石方队，只有一直杳无踪迹的卤素家族砹单质没有报名。

比赛在慷慨激昂的《运动员进行曲》中拉开了序幕，扩音器里传出了氢小姐熟悉的声音：“尊敬的各位来宾，亲爱的观众朋友们，为了弘扬体育精神，鼓励全民奥运，非金属王国氧气陛下特别指示，在本届奥运会临时增加形象大赛这一比赛项目，现在参赛运动员们已经准备就绪，欢迎他们入场。首先向我们走来的是无色方队，这是一个人员众多、元素混杂的团队，氢、氮、氧、氦、氖、氩、氪、氙、氡九大元素共派出了100名选手参加比赛。他们都是没有颜色的气体，所以共同组成了无色方队，让我们为他们鼓掌加油。”

伴随着氢小姐的解说，无色方队缓缓步入了会场。他们变换着队形，时而排成正方形，时而排成菱形，队形整齐划一，博得了组委会的好评。在他们之后进入会场的是黑磷方队，领队的就是向氧气国王申请参加运动会的那个黑小子。他高昂着头颅，挺起胸膛，大踏步朝前走着，那神情比国王的侍卫还要自信骄傲。跟随在他之后的是黑压压的黑磷家族，他们的方队人数也较多，大约有50人。他们都是整齐一色的黑黢黢的面孔，仿佛一团乌云，在体育场上移动着。

此时，由20名成员组成的白磷方队也进入到了体育场。虽然都属于单质磷，但是他们的颜色却一点也不一样。白磷又

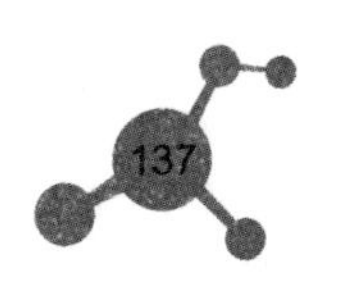

名黄磷，是淡黄类似半透明的固体，据说他们在黑暗中还能发光呢。紧随其后的是红磷代表团，也有20名队员。他们浑身鲜红，活像天空的晚霞一般灿烂。晚霞消失后，在它身后出现了一抹钢蓝色，那是紫磷代表团。他们在磷家族中人数较少，这次只有5人参加形象大赛，但是他们周身的美丽的钢蓝色，实在令人赞叹不已。

紫磷过后，体育场上又走来人数庞大的一个家族，他们就是硅家族。他们的队列总共有60人，分成六排，每排10人。前三排是钢灰色的晶体硅姐妹们，后三排是黑色的无定形硅兄弟们。他们的队伍有男有女，钢灰色与黑色层次分明，获得了大家的好评。紧随其后的是由30位身穿鹅黄色服装的少女组成的硫方队，黄澄澄的颜色让她们成为赛场上一道靓丽的风景线。紧接着，锡白色的高贵绅士砷先生走过来了，他们虽然只有10人，但是每人身上都散发着金属的光泽，那潇洒的气质博得了所有女生的倾心。而随后，灰紫色和微红色的硒小姐则博得了男士们的青睐。

碲方队由15名成员组成，他们的队伍排成三排，每位成员浑身都散发着银白色的金属光泽。耀眼的银白色反射着太阳的光芒，让他们更加的璀璨夺目。而硼方队和石墨方队色彩就黯淡了许多，因为他们的队员都遍身乌黑。照亮这片乌黑的是金刚石方队，他们的方队只有5名成员，但是个个晶莹璀璨，

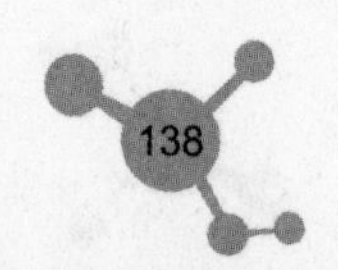

光彩夺目，这让现场所有人叹为观止。

最后出场的是卤素单质们的方队，淡黄色的氟方队，黄绿色的氯方队，深红色的溴方队，深灰色的碘单质方队，他们一齐走到体育场上，不断变换着队形，让观众们觉得好像是春天盛开的花朵，姹紫嫣红，美不胜收。

形象大赛的最末，氧气国王为各代表团进行了颁奖。金刚石代表团获得了“最璀璨”奖，氟、氯、溴、碘卤素家族的单质们共同获得了“最绚烂”奖，无色团体获得“最纯洁”奖，磷家族获得“最斑斓”奖，硫团体获得了“最靓丽”奖，碲、砷代表团获得“最闪亮”奖，硅、硼、石墨获得了“最质朴”奖。

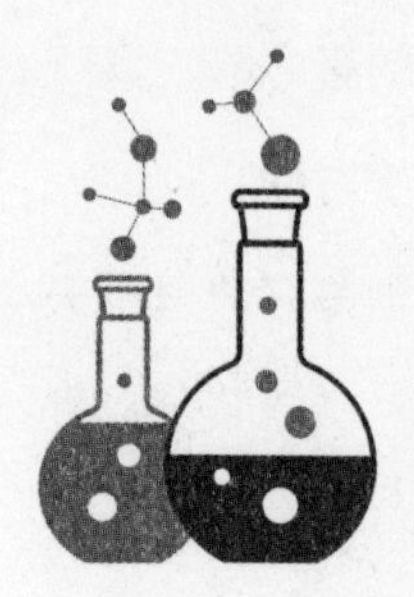

第二十七章

谁最稳定——稀有气体的集体冠军

金色的秋天，是收获的季节。经过春天的播种，夏天的生长，大自然的万物在秋天挂满了累累硕果。有耕耘，才会有收获，对谁都不例外。非金属王国的运动健儿们，也正是因为平日的勤学苦练，才能有今日矫健的身姿，是汗水换来了荣誉，是拼搏铸就了英雄。

今天是非金属奥运会的第二天，志愿者们一早就把比赛日程张贴在了公告栏上。今天一共有六场比赛，上午三场，分别是稳定性比赛、熔点比赛、非金属中的特殊金属比赛。下午第一场是毒性比赛，第二场是非金属报数比赛，最后一场是非金属重要性比赛。

稳定性比赛上午八点正式开始，看台上早已座无虚席，非金属王国的人们拿着旗帜、口哨，打着标语，为参赛的运动健儿们加油。他们的条幅上大多写着“惰性气体加油”或者“惰性气体稳定性第一”的字样。稀有气体的稳定性众所周知，所以在本场比赛中，观众们大多是奔着观看稀有气体的表演而来的，但是也有一小部分观众是为了来给他们家族的运动员们加油的。

“尊敬的各位来宾，亲爱的各位观众朋友，在这风和日丽的金秋十月，我们迎来了非金属奥运会的第二个比赛日，今天一共安排了六场比赛，每一场比赛的运动员都实力非凡，相信今天的赛事将会更加精彩。”主持人氢气小姐用一贯温柔的语调说道，“话不多言，现在让我们进入第一场比赛——非金属稳定性比赛。本场比赛主要测试在化学因素作用下，非金属运动健儿们保持原有化学性质的能力。本场比赛共有21名选手，除了卤素家族的砹外，每个非金属代表团都派出了代表。比赛将要开始，我们首先有请组委会主席氮气先生介绍比赛规则。”

“本场比赛实行淘汰制，只要能通过组委会准备的三道防线便可夺冠。”氮气先生用浑厚的声音说道。氮气先生既是组委会主席，也是一位运动爱好者，这次的稳定性比赛，他也报了名，现在他已经换上了一身宝蓝色的运动服。

运动场上音乐响起，参赛选手们陆续入场了。氢气家族不

小心与卤素家族走到了一起，“轰”的一声发生了爆炸。巨大的爆炸声震耳欲聋。看台上的观众们被爆炸声吓了一跳，回头一看原来是氢气与氯气发生了爆炸，于是有些幸灾乐祸地笑了起来：“他们明明化学性质很活泼，还非得报名参加稳定性比赛。”氢气和卤素家族就不好意思地退出了赛场。同时退出比赛的还有磷，他刚走入会场，脱下了自己的保护服，就发生了自燃。这证明，他是活泼的非金属单质，稳定性较差。

组委会为第一场比赛准备了金属屋、酸液池和碱液池。金属屋是用金属性非常强的钠、钾、锂等元素打制而成，非金属们依次穿过金属屋，如果他具有氧化性，金属屋立刻会变黑，选手则被淘汰。酸液池里面盛的是浓硝酸和浓硫酸，选手们涉水而过，如果能完好无损地到达对岸，则进入碱液池。碱液池里，碱类家族的氢氧化钠早已溶解其中，他们是非金属的好友，因为非金属中有很大一部分能与他们发生反应。

如果参赛选手们能安然无恙地走过这三道反应线，那就通过了第一轮比赛。大多数的选手都在第一轮比赛中被刷了下来。

氧气国王、氮气先生和硫小姐，在通过金属屋的时候把金属给氧化了，弄得整个金属屋乌黑。除了氦、氖、氩、氪、氙、氡外，其余非金属也都在过酸液池、碱液池的时候纷纷落马。

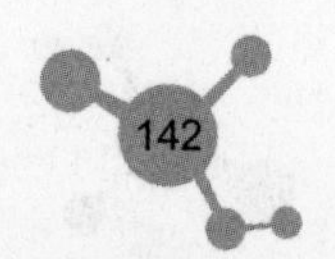

稀有气体家族集体获得了稳定性比赛的冠军，这虽然是意料之中的事情，因为他们早就有“惰性气体”的名号，但是当他们毫发无伤地穿过这重重关卡，最后像久经沙场而存活下来的英雄一样站在赛台上时，看台上的观众中爆出了一阵掌声，掌声雷动，甚至比氢气小姐与氯气先生发生的爆炸声还要响亮。

因为自身活泼性较差的缘故，稀有气体家族一直都沉默寡言、讳莫如深，很少报名参加比赛项目，这让其他非金属成员们觉得他们似乎有些懒惰。今天，作为稳定性冠军，惰性气体家族的大哥氡气作为冠军代表进行了发言，详细地介绍了他们稀有气体家族，让其他非金属们更加深入地了解了他们，借以摘除“惰性气体”的名号。

氡气先生清了清嗓子，用浑厚的声音说道：“大家好，我们是稀有气体家族。可能大家不太了解我们，所以在这里我们特别介绍一下自己。我们稀有气体之所以稳定，是因为构造特别，都是最稳定的8电子构型，这使得我们一般不容易得到或者失去电子而形成化学键。不仅很难与其他元素化合，而且我们自身也都是以单原子分子的形式存在。因为我们稀有气体家族的化学性质很不活泼，所以过去大家都以为我们与其他元素之间不会发生化学反应，所以称我们为‘惰性气体’。但是今天我想告诉大家，我们稀有气体的氩、氪、氙、氡都有化学合成物，而且数量众多。所以，我希望大家以后不要再称我们为

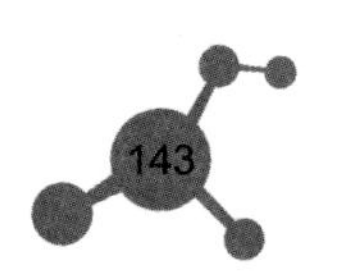

‘惰性气体’，而是称我们为稀有气体。”

氡气先生的发言掀起了全场的一片议论，大家谁都没有想到这个非金属界最不活泼的“惰性气体”家族，噢，不，是“稀有气体”家族，已经产生了化学合成物，看来非金属王国真是人才辈出呀。而非金属奥运时报的记者们也抓住了这一爆炸性的新闻，在稀有气体家族还未走出赛场前，他们就派出了采访团，对五位稀有气体进行了专访。

“请问，稀有气体家族的全部成员都已经可以合成化合物了吗？”白磷小姐抓紧时间提问。

“氦气和氖气还不能合成，不过经过科学的推测，他们合成化合物也是完全有可能的。”氡先生回答。

“作为稀有气体家族，你们一向神秘莫测。我相信各位观众朋友们对你们的日常生活充满了好奇，氡先生，您方便透露一下稀有气体家族的日常生活和工作吗？”白磷小姐再次发问。

“当然可以，其实我们稀有气体家族并不神秘，我们的身影在工业、医学和尖端科学，甚至日常生活中随处可见。因为我们的稳定性极高，所以常被用做保护气，这在焊接中经常用到。再者，我们稀有气体通电时会发光，像我们运动会晚上所用的霓虹灯，就是因为里面填充了氖气。我们家族的小妹，氦气小姐，她身材曼妙，是除了氢气小姐外最曼妙的女郎，她可

以装在飞艇里，不会着火和爆炸。种种案例，不胜枚举。我们稀有气体的作用也日益强大。”

“好的，谢谢您的回答，氦气先生，恭祝您在以后的比赛中取得更优异的成绩。”白磷小姐圆满地完成了采访任务，而稀有气体家族也开始着手准备他们的下一场比赛。

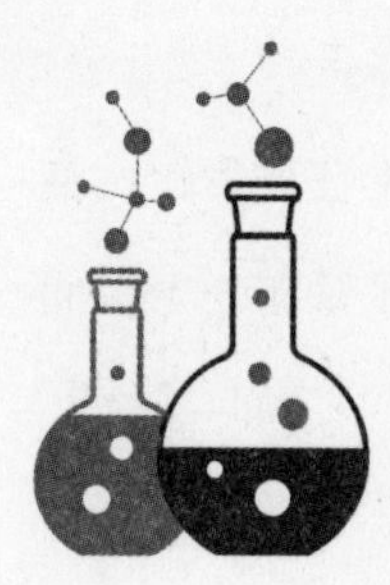

第二十八章

熔炉中的佼佼者——非金属的熔点比较

在稳定性比赛结束后，志愿者们撤下了金属屋、酸液池、碱液池等比赛设施，然后又搬上了五个大熔炉。在熔炉下，志愿者们点燃了柴火，倒上了汽油，又添上了煤，熔炉下的熊熊烈焰也像竞赛般的一个比一个蹿得高。看台上的观众只觉得一片火树银花，十分炫目好看。

“这烈火熔炉，比太上老君的炼丹炉还要厉害。”氧气国王笑逐颜开地称赞着，“组委会安排得不错。这一场该是熔点比赛了吧，氮气先生？”

“是的，国王陛下。我们非金属王国的成员们有的是耐高温的能手，如果这些熔炉是太上老君的炼丹炉，那他们就是金刚不坏的孙悟空。刚才在场下，石墨先生还跟我说，他好久都没痛快地洗个热水澡了呢。”

“哈哈，这小子！”氧气国王大笑着，看着大家都这么踊跃地参加比赛，氧气国王心里也痒痒的，很想去参加比赛，但是他在常温常压下是气态，熔沸点都很低。如果他要去参加比赛，非得弄个冰窖才能测出自己的熔点。“唉！”氧气国王想了想觉得这不可行，于是便叹起气。“氮气先生，这场比赛有气体状态的选手参加吗？”氧气国王看着赛台漫不经心地问。

国王发问，氮气先生连忙翻开比赛报名表仔细查阅，结果发现没有一位气态非金属参加，于是他略带遗憾地说：“陛下，非金属气体单质在固态时都是分子晶体，他们自知自己的熔沸点都很低，所以无人报名比赛。”

“呃，这样可不好，比赛重在参与，这样会打击大家的积极性。这样吧，我们在熔点比赛中设置双冠军，一个颁给熔点最高的选手，另一外颁给熔点最低的选手。”氧气国王说。

他一说完，组委会的成员们便面面相觑，因为比赛从来没有这样的规矩，难道要给最后一名也颁奖？可是，他们心里却又存着一些欢喜，因为他们中也有气态非金属，也很想参加比赛。

“熔点高有高的好处，熔点低也有低的好处，比方说我们氮气，就是利用熔点低来制冷的。国王的建议非常及时，快，让志愿者们再准备五台制冷机。大家开始宣传并准备气态非金

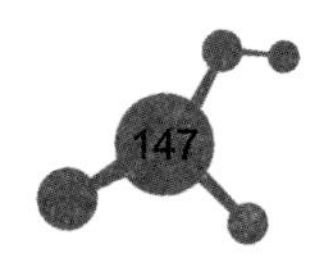

属们的报名事宜。”组委会主席氮气先生当机立断开始下达命令。为了号召大家踊跃地参加比赛，氮气先生和氧气国王第一时间报了名。

经过新一轮的报名，参加熔点比赛的选手新名单出炉了，他们是：液态氢、硼、碳、液态氮、液态氧、液态氟、硅、白磷、硫、氯、砷、硒、溴、碲、碘、砹、液态氦、氖、氩、氪、氙、氡。

比赛场地重新布置，五台制冷机也被搬到了比赛场地。因为要参加熔点比赛，所以氢气小姐换上了运动员的衣服主持着比赛：“尊敬的各位来宾，亲爱的观众朋友们，熔点比赛就要开始了，炉火熊熊，火光冲天，冰雪皑皑，寒彻大地，在烈焰和寒冰中，谁是决战最低温和最高温的英雄呢？敬请期待运动员们的巅峰对决。最后给大家透露一个小秘密，本场比赛将产生双冠军，分别是‘熔点最高冠军’和‘熔点最低冠军’。另外，我们尊敬的国王氧气先生和敬爱的组委会主席氮气先生都变身为液态，准备参加比赛了哦！”

双冠军与氧气国王、氮气主席的参赛吊足了观众的胃口，大家都万分期待这场特殊的比赛，非金属奥运报刊的记者们也全程采访比赛，以下就是他们发出来的比赛全况。

非金属奥运报刊记者白磷小姐的采访：“亲爱的观众朋友们，第一场熔点比赛就要开始了，奥运报刊记者白磷将为您进

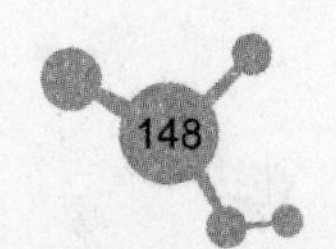

行实时报道。五座熔炉，五台制冷机，每场比赛总共有十位选手参加。第一场比赛的选手分别是，角逐最高熔点的硼、碳、碘、硅、磷，角逐最低熔点的液态氢、液态氮、液态氧、液态氟、液态溴。本场比赛有氧气国王和氮气主席的参加，氧气国王现在站在三号制冷机前，他在摄像机镜头前向大家挥手示意。站在二号制冷机前的是奥运组委会主席氮气先生，他面带微笑，向大家点头示意。氮气家族经常化身液态，工作于食品冷藏和冷冻治疗，为食品学和医学做出了很大的贡献。据说，他们的熔点低达零下两百多摄氏度，氮气主席参加此次比赛，相信会取得不错的成绩。现在五位参加最高熔点比赛的选手们已经投身到火炉中了。”

“热死了，真受不了！”迟迟不肯跳进火炉中的三号选手碘小姐擦着额头上的汗水说。

“豁出去了！”磷先生此刻已经面色煞白，但是他鼓起勇气，纵身一跃，就在这一瞬间，一股白色的气体弥散开来，磷先生化身气态。磷先生被淘汰出比赛，他说：“唉，我们磷家族本来就是易燃物品，我的熔点只有44.4℃，当然不能跟碳他们比啦！碘小姐，你现在都满头大汗了，我看你也早点退赛吧。”

“哼，我的熔点可比你高多了。”碘小姐不服气地说，可是她对这火炉也心存忌惮，因为早在参赛前，她就已经亲自测

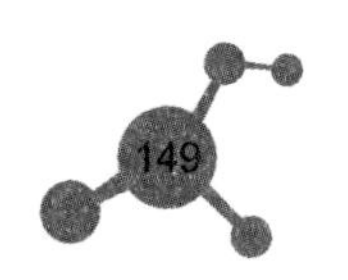

试过，她的熔点只有113.5℃。她小心翼翼地靠近火炉，烈火让她浑身酸软无力，她觉得自己快化成水了。在离火炉还有不到一米距离的时候，她化成了碘水。

而剩下的三位选手硼、碳、硅还在火炉中悠闲自在地躺着，此时火炉边的温度计显示1000℃。这时，制冷机已经充分制冷，五位参加最低熔点角逐的选手已经进入了制冷机。

白磷小姐继续跟踪报道："亲爱的观众朋友们，最低熔点的角逐已经开始，在温度-7.2℃的时候，溴变成了固态，他的熔点为-7.2℃。制冷机继续制冷，可是丝毫没有什么变化，可见他们的熔点都非常低。让我们看看最高熔点比赛这边，现在温度已高达1400℃，硅先生已经有液化的迹象了。终于，在温度1414℃时，硅先生全部液化。经测量，他的熔点为1414℃。"

"请志愿者们加大火力，我跟碳先生熔点都很高，受不了这温火慢热的。"急性子的硼先生建议道。志愿者们于是继续往火堆里添加燃料，炙热的火焰把火炉烧红，温度顿时蹿升到了两千多摄氏度。硼先生额头开始露出了汗珠，这是他快液化的迹象。在温度2300℃的时候，他变成了液体。此刻碳先生安然无恙，志愿者们继续猛添燃料，温度计温度此刻已经高达三千多摄氏度，在一旁采访的白磷小姐经受不住火焰的烘烤，于是来到制冷机旁采访最低熔点比赛。

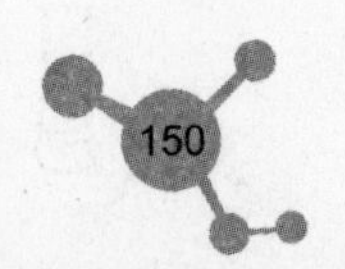

Rn
P

“亲爱的观众朋友们，此刻制冷机的温度已经达到-200℃，但是四位选手依旧不为所动。温度还在一点点下降，在-209.86℃时，我们的氮气主席变成固态。在-218.4℃时，氧气国王化为固态，紧接着，-219.62℃，氟气先生化为固态。虽然他们三位选手退出了冠军的角逐，但是他们的优异成绩很值得我们骄傲。”白磷小姐报道说，“现在最高熔点角逐这边，已经有了结果，在温度3550℃时，碳先生化为了液态。他的熔点高达3550℃，这确实是非常优异的成绩，不知道我们后续的选手有没有人能超越。”

在白磷小姐解说的时候，制冷机那边最后一位选手液态氢变成了固态，他的熔点低达-259.125℃。

第一批参赛选手测量完后，剩下的选手相继开始测量，硫先生的熔点112.8℃、碲499.5℃、砹302℃、砷817℃、硒217℃、氯-101℃、溴-7.2℃、氖-248℃、氩-189.2℃、氪-156.6℃、氙-112℃、氡-71℃。

当中也有成绩不俗者，例如角逐最低熔点的液态氦，他的熔点低达-272℃，成为最低熔点的冠军。但是最高熔点却没有超过碳先生的，因此碳先生获得最高熔点的冠军。

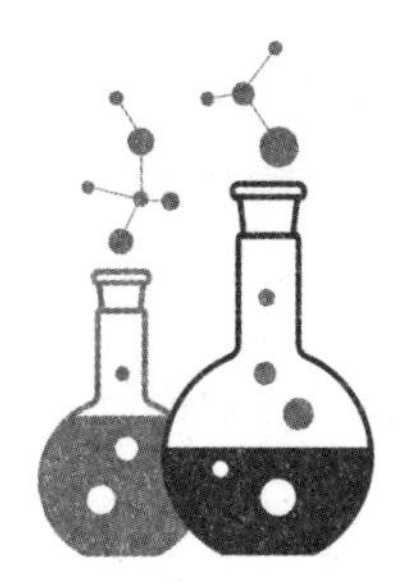

第二十九章

你就是很特别——非金属中的特殊金属

在熔点比赛后，碳先生又成为了大热门，奥运报刊的主编氢先生对他进行了专访："您好，碳先生，首先恭喜您获得了最高熔点冠军。"

"谢谢，谢谢。"碳先生微笑着与氢先生握手，感谢他的祝贺。寒暄之后，氢先生开始正式的采访。

"碳先生，在之前的导电性比赛中，石墨先生获得了冠军，在硬度比赛中，金刚石先生获得了冠军，他们两个都是碳家族的成员。现在您又获得熔点冠军，你们家族可谓是本届奥运会最大的热门。您能详细地介绍一下您的家族，让大家更了解你们一些吗？"

"呵呵，当然可以。其实，我们碳家族只是非金属王国普通的一员，做着平凡的工作，兢兢业业为非金属王国的繁荣添一份力。碳家族人员众多，我们在地壳中的质量分数为0.027%，所以我们在自然界中分布很广。例如煤、石油、天然气、动植物体、石灰石、白云石、二氧化碳等，这都是以化合物形式存在的碳。有记载，18.8百万种化合物，其中绝大多数是碳的化合物。众所周知，生命的基本单元氨基酸、核苷酸是以碳元素做骨架变化而来的。先是一节碳链一节碳链地接长，演变成为蛋白质和核酸；然后演化出原始的单细胞，又演化出虫、鱼、鸟、兽、猴子、猩猩、直至人类。这自然界三四十亿年的演变，它的主旋律是碳的化学演变。可以说，没有碳，就没有生命。碳，是生命世界的栋梁之材。纯净的、单质状态的碳有三种，他们是金刚石、石墨、碳六十。他们是碳的三种同素异形体。”

“谢谢您的介绍，让我们知道碳家族原来是如此博大精深。碳先生，我还有一个问题，您的家族产生了三位冠军，请问你们是有什么特别的教育方式吗？”氢先生深思后问道。

“我们家族并没有什么特别的教育方式，只是尽力发掘每个孩子的潜能，让他们做对社会更有用的人。我们家族之所以能诞生三位冠军，有一个很重要的原因是，我们是非金属，但我们介于金属与非金属之间，我们还有一个别名叫做‘类金属’。”

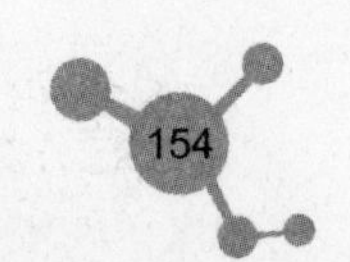

“‘类金属’？”氢先生产生了好奇心。

“是的。”碳先生点头默认。

“这个名词我是第一次听说，您能介绍一下什么是类金属，还有都有哪些元素是类金属吗？”氢先生皱着眉头深思着问道。

“所有的化学元素都可以被分为金属或者非金属，但是有一些元素的特性是介于金属和非金属之间的，这就是‘类金属’。”碳先生娓娓道来，“硼、硅、锗、砷、锑、碲这六种元素通常被视为类金属，钋和砹有时也被认为是类金属。至于硒、铝和我们碳家族在极少数的情况下也被认为是类金属。”

“哦，原来是这个样子，但是这与碳家族获得三个冠军有什么关系吗？”氢先生继续发问。

“这就与类金属的性质有关了。我举一个例子吧，金属有很好的导电性，所以类金属呢，一般也有中等或者良好的导电性，大多是半导体，所以我们的石墨先生也能导电了。”

“原来是这样，类金属家族真是既神秘又神通广大，真想让您多讲一些有关类金属的事情。”听了碳先生的讲述，氢先生对类金属家族愈发好奇了，他心里已经打算着，要好好为类金属家族写一篇特别报道了。

“相信观众朋友们也对类金属家族产生了强烈的好奇。”氢先生有点故弄玄虚地说，“听说今天的第三场比赛，非金属

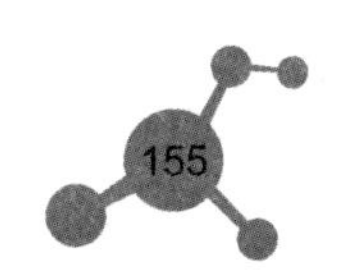

中的特殊金属比赛——类金属的表演赛临时改做对类金属的采访，请大家到时候准时观看。好，本期节目到此结束，感谢碳先生的到来，感谢大家的观看。”

“尊敬的各位来宾，亲爱的观众朋友们，在这样一个金风送爽的日子里，非金属王国里的六位类金属将为大家献上一台精彩的专访，他们虽然是非金属王国的一员，但是却有着金属性。他们是硼、硅、砷、碲、硒、碳，有请他们。”主持人氢小姐介绍说。

氢小姐介绍完，硼先生便走上了赛台，他穿着用金线绣着龙纹的黑色运动服，身上健硕的肌肉绷得紧紧的，让人一看就知道是非常棒的运动员。第二个上台的是硅先生，他全身钢灰色，属于原子晶体，硬而有金属光泽，也有半导体性质。接下来上场的是砷先生，砷先生有许多同胞兄弟，其中黄色的是分子结构，属于非金属，而黑色和灰色的是类金属。身上有大蒜味的碲先生出场了，他虽然可被划分为类金属，但是他的导热和导电性能并不好。具有亚金属光泽的硒和黑黢黢的碳随后走了上来，他们两个都在极少数情况下才能被当做类金属。

“几位都是类金属，能给我们介绍一下类金属的物理性质吗？”氢气小姐问道。

“类金属的形态都为固体，从外形上可以看出我们六位都是固体。”碳先生说。

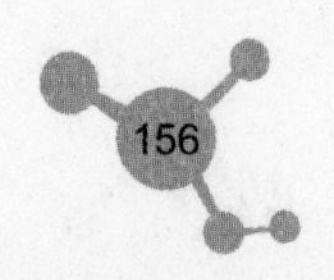

“类金属通常有多种同素异形体的同胞兄弟或者姐妹。”接着硒小姐便一一介绍说，“例如，碳中金刚石、石墨等兄弟，我红硒和妹妹灰硒。砷有三种同素异形体，颜色分别是黄色、黑色以及灰色。硼更是有多种同素异形体：四方晶体、α菱形体、β菱形体以及无定形体。碲有两种同素异形体，一种为白色金属光泽的六方晶系，另一种为无定形的黑色粉末。硅也有单晶硅和多晶硅。”

“我们类金属的密度通常小于相邻的金属元素，而大于相邻的非金属元素，我们性脆因而延展性较差。”碲先生说道。

“类金属往往具有中等或良好的导电性，大多是常见的半导体，其中硼先生、硅先生、碲先生的电阻率随温度升高而降低，而我则与金属一样，电阻率随温度的升高而增大。”砷先生介绍说。

“液态时，均可导电。”硅先生补充说。

“基本上就是这些了。”硼先生最后说。

“原来类金属是这么的特别，不过耳听为虚，眼见为实，在前面的比赛中，大家已经见识了类金属的导电性。那类金属有什么化学性质呢？”氢气小姐发问道。

“类金属的化合物多为共价化合物，也有少数可以看做离子化合物。类金属可以和金属化合物化合形成盐。类金属的氧化物多为玻璃态物质而不是晶体。类金属卤化物均为共价化合

物，通常易挥发并且溶于有机溶剂。类金属的氢化物同样为易挥发的共价化合物。”硼先生介绍道。

“我知道我们类金属有很多用途，能介绍一下吗？”氢小姐问道。

“由于类金属氧化物的高聚物形态，他们很容易形成玻璃态物质，例如二氧化硅等，可以被用于玻璃制造。”硅先生说道。

“类金属单质由于性脆不宜单独作为材料使用，而他们与金属形成的合金则可能有各种优良的性能。例如，碲通常以铜碲或者碲铁成为合金，我则可以和铜与铂做成合金，另外我们还可以被用于半导体制造。”砷先生最后说。

“谢谢各位的介绍，让我们对类金属有了更深的了解。我还有一个问题……”

“嘟……嘟……”低沉严肃的警报声打断了氢小姐的问话，紧接着线路切换，非金属王国的侍卫长氟气先生就用高音喇叭开始广播：“全体戒备！全体戒备！”氟气侍卫长一向做事稳重，在他带领的侍卫队的守卫下，非金属王国一直太平无事。如果不是发生紧急情况，他是不会发出危险警报的。观众和运动员们听到后，立马从自己的座椅后面拿出了防护罩，穿上了钢铁盔甲。

“到底发生了什么事情呢？”大家心里都惴惴不安，“难道是……”

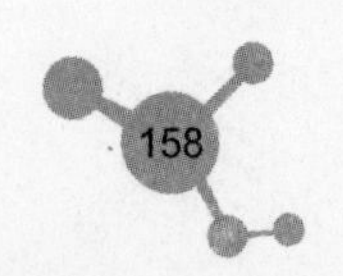

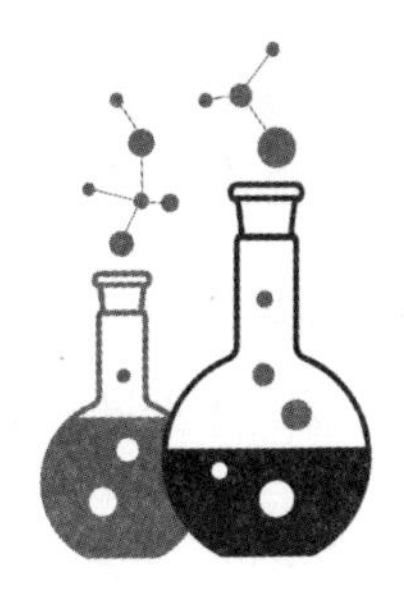

第三十章

我毒，故我在——非金属的毒性比较

“发生了什么事情，为什么要中止比赛？”氧气国王眉头紧锁，语气低沉，神情十分不悦。他身边的侍卫和随从们都屏住呼吸，低头垂手站着，虽然氧气国王一向和蔼，但是如果他发起脾气来，那非金属王国也会被震得地动山摇。

“陛下……”氟气侍卫队长瞟了一眼左右的侍卫和随从，欲言又止。

“你们都退下吧。”氧气国王道。侍卫和随从们心中长舒一口气，迅速地撤离了。“是不是鼠大王来了？”

“陛下，鼠大王没来，不过刚才一个侍卫禀报说，在运动场周围发现了一只硕鼠，好像是来打探情报的。”氟气队长神情紧张地说，“如果他发现我们非金属王国在这里举行奥运会，那么我想不久鼠大王就有可能赶来了，所以我才拉响了紧急警报。”

“嗯，氟气队长，你做得非常好，不过不必要这么慌张嘛！区区一只鼠大王而已，你看我们非金属王国今天涌现出多少少年英雄！”氧气国王捋着山羊胡笑呵呵地说道，他脸上严肃的表情已经荡然无存。

可是侍卫队长氟气心里却紧张得不行，他的手心甚至冒出了汗，他想起了去年鼠大王率领着一群硕鼠从人类世界搬迁过来的情景，非金属王国并没有人类世界那么多的粮食和垃圾，硕鼠们找不到食物，就开始啃食花草树木。它们的牙齿坚固又锋利，而且还会不断地生长，它们一天就能把一座山啃光。为了驱赶这群硕鼠，非金属王国使用了无数的弓箭和岩石，可是并没有打败鼠大王。最后，氧气国王和当时的侍卫长白磷先生想到了火攻的方法，于是连夜召集了数万名白磷士兵，他们在鼠山下排成一排，日光一出，他们开始自燃，变成一道火墙，终于打败了鼠大王。鼠大王忌惮火墙，于是不得不和非金属王国签订了友好条约，鼠大王不再侵犯非金属王国，而非金属王国划分了三座山让鼠大王居住。

“国王陛下，听说鼠大王似乎研制出了防火衣，那我们的白磷卫队……”氟气队长忍不住说出了自己的担忧。

“哈哈，氟气队长，你就别担心了，我自有妙计。你现在

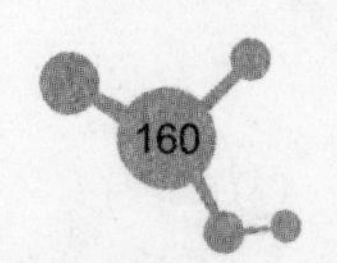

的主要任务是，安抚群众的情绪。另外，通知大家比赛继续，不过要更换场地了。”氧气国王胸有成足地说，没有一点惧怕鼠大王的样子。

“陛下，接下来的一场是毒性比赛，比赛的场地要换到哪里？”氟气队长问道。

“如果我没有记错，氟气队长你也报名了吧？”氧气国王微笑着问，“不要忘了自己的这一身好本领。”

“呵呵，嗯。”憨厚的氟气队长挠了挠头，不明白氧气国王的意思。

“把参加毒性比赛的运动员们集结起来，我们就用实战来检验谁是冠军。”氧气国王威风凛凛。

“是，陛下！”氟气队长终于明白氧气国王的意思了。

“咚！咚！咚！”非金属运动场外地动山摇，尘土飞扬，一群硕大无比的老鼠卷土而来。他们穿着橙色的衣服，据氟气队长的探子说，那就是鼠大王研制出的防火衣。

“哈哈，把氧气小贼叫出来，我要他让出非金属国王的宝座！”为首的一只两米多高的大黑鼠狂妄地说。看他那嚣张跋扈的劲儿，不用说，他就是鼠大王。

氧气国王身披金色铠甲，站在非金属卫队的最前方，他厉声呵斥道：“鼠贼，你不仅猖狂，而且得寸进尺，今天我一定要把你们赶出非金属王国。”

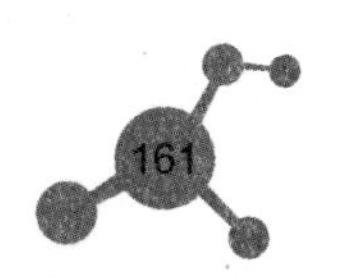

S
I
At

“哈哈哈，就凭你的白磷火墙！来吧！我好怕呀！哈哈哈！”鼠大王放声大笑，“灰小鼠，青小鼠，上！”

“吱吱，得令！”鼠大王一声令下，老鼠队伍中冲出两只半米多长的小鼠。虽然他们的身形并没有鼠大王那样高大，但是他们却长着像野猪一样锋利的獠牙。

他们箭一般地向氧气国王冲来，氟气队长当机立断地喊道：“白磷卫队。”

“不，”氧气国王摇摇手说，“白磷卫队退下！毒性卫队何在？”

“在！”磷、硫、氯、砷、硒、溴、碲、碘、砹、硼齐声答道。

“谁出去解决这两只小鼠？”氧气国王问道。

“陛下，让我们去。”碘先生、砹先生、硼先生异口同声说，说完碘先生、砹先生、硼先生便化身粉末状，飞向小鼠，他们在空中挥洒着，让碘分子、砹分子和硼分子冲进小鼠的耳朵，眼睛和嘴巴。不一会儿，两只小鼠便被砹颗粒、紫红色的碘和黑色的硼包围了，但是他们却并没有倒下。

“陛下，硼和碘毒性低，砹虽然有放射性，但毒性也很低，让我去助他们一臂之力吧。”溴先生说道。氧气国王点了点头。

深红棕色溴先生像水一样地向前滚去，他不仅有毒，而且

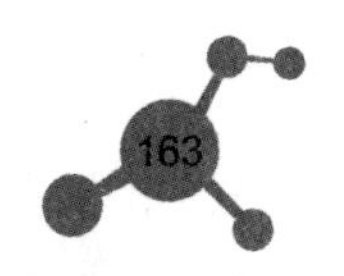

挥发性极强。不一会儿，他又变身为溴蒸气刺激着两只小鼠的眼睛、黏膜。

“疼死啦！疼死啦!”两只小鼠哀嚎起来，他们用锋利的爪子挠着皮肤，揉着眼睛，但是这并不起作用，他们仍然浑身疼痛不已。不一会儿，他们便僵直地躺在地上，不动了。

“没用的东西！”鼠大王恶狠狠地说，“独眼黑鼠你过来！”

“是，大王。”一只精明矍铄的老黑鼠从队伍中走了出来，他虽然年纪比较大，但是却精神矍铄，而且他十分的狡猾。“大王，看来，他们改变战术了，他们好像在利用非金属的毒性，这非常可怕！我们还是撤退吧！”

“滚一边去，老匹夫！”鼠大王咒骂道，“今天不灭了非金属王国，我就不是鼠大王！鼠仔们，脱下衣服，捂住口鼻，今天我们要把非金属王国杀个片甲不留！”

“让我们兄弟三个上！”三只把口鼻捂得严严实实的大硕鼠自告奋勇说，他们约有一米半长，是鼠大王的得力助手。

“好，你们三个上，给我把氧气国王擒回来！”鼠大王拍了拍他们的肩膀说。

“是！”三只硕鼠信心百倍，他们活动活动筋骨，把全身的肌肉绷紧，然后便朝非金属王国的队伍猛冲过去。

碘、硼、砹三位队员已经退到了队伍中，溴先生一个人

化作蒸汽，像一条红色的彩带盘旋在地面的上方，他的双目似火，炯炯有神，专注地盯着那三只冲出队伍的硕鼠。他们一跑出队伍，溴先生便笼罩在了他们的身体上。溴分子黏附在了他们的皮肤上，进入了他们的眼睛里，但是他们的口鼻却捂得严严实实，溴先生一时无法将他们制服。

眼看三只硕鼠就要冲到氧气国王面前了，氧气国王却毫不慌张，他说："氯气先生，你不是也报名毒气比赛了吗？试试自己的身手吧。"

"是，陛下。"黄绿色的氯气先生便似一阵旋风飞向三只硕鼠。氯气先生有剧毒，他强烈的刺激性气味，让三只硕鼠的口鼻隔着遮挡物也感受到了强烈的刺激。他们扯下了口鼻的遮盖物，开始剧烈地咳嗽着，越咳嗽吸进的氯气越多。不到三分钟，三只硕鼠便中毒而死。

"哼，我非给你点厉害尝尝不可，飞毛腿鼠，钻地鼠，飞天鼠，钢铁鼠，你们四个上！"鼠大王派出了自己最强的四位部下，"重要的是速度，快速冲过去，不给他们喘息思考的时间！"

"是，大王！"四只比鼠大王略矮些的硕鼠以迅雷不及掩耳之势冲出了队伍。

"白磷队长，你去帮助氯气！"氧气国王命令道。

"陛下，他们穿着防火衣，我自燃还管用吗？"白磷队长

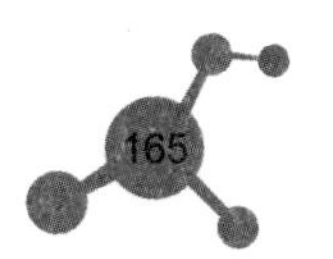

有些犹豫。

“放心吧，白磷队长，你跟黑磷和红磷不一样，你不仅能自燃，还有剧毒，去吧。”氧气国王对自己国家的百姓们了如指掌。

“是，陛下！”听了氧气国王的话，白磷顿时鼓起了勇气。他化身粉末，开始帮助氯气，虽然这四只硕鼠速度奇快，但是无奈氯气和白磷剧毒无比。氯气和白磷包围他们后，他们四个便四肢僵直，倒地而死了。

“鼠大王，我们不是非金属的对手，还是撤退吧！”独眼黑鼠对鼠大王劝说道，“不然我们会全军覆没的！”

“不行，我不能白白损失了四位大将！鼠仔们，给我一起冲啊！”鼠大王挥舞着旗帜，高声呼喊。鼠仔们对鼠大王唯命是从，他们一拥而上。

氯气和白磷心里也有些慌张，虽然他们是剧毒，但是这么多的大老鼠，前仆后继，他们的毒还是不够用。万一他们哪一只抓到了氧气国王，那可不得了了。

“氟气队长，该你出场了！”氧气国王依旧淡定从容。

“是，陛下！”氟气队长此刻变得大义凛然，毫无惧色。

“好小子，放心吧，你比氯气和白磷都强，他们是剧毒，你是极毒！”氧气国王说道，“只要你覆盖在群鼠身上，他们顷刻之间便会死亡，这也是我当初选你当侍卫队长，保卫非金

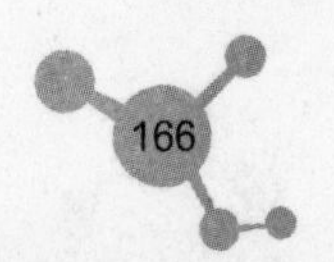

属王国的原因！”

“陛下，我一定不辱使命！”氟气队长信誓旦旦地说。他是很美的淡黄色气体，但却非常凌厉危险，鼠大王被他笼罩后，便不能挣扎分毫。虽然他嘴里还嚷着要消灭非金属王国，但是已经力不从心了。过了不久，他便一命呜呼，再也不能危害非金属王国了。其他小鼠们也被一扫而光。

因为氟气队长的贡献，氧气国王把毒性冠军颁发给了他，而氯气和白磷则获得毒性亚军，第三名则是溴先生。而小将硫、砷、硒、碲、碘、砹、硼们虽然毒性较弱，也消灭了许多小鼠，为此次灭鼠大战的胜利做出了贡献，他们得到了氧气国王的嘉奖。

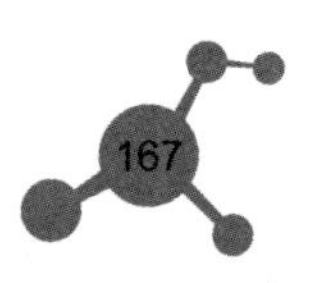

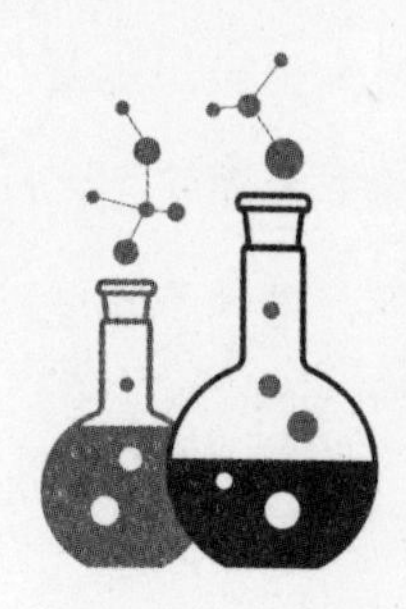

第三十一章

非金属运动会的报数比赛——非金属在地壳中的含量

打败了鼠大王之后，非金属王国举国欢腾，氧气国王专门为此举行了隆重的宴会。宴会邀请了金属王国和盐类家族的嘉宾、奥运冠军，以及22个非金属元素的代表。

氧气国王端起了一杯葡萄酒，站起身来，开心地说："各位来宾，各位朋友，今天是我们非金属王国大喜的日子，我们终于消灭了心头大患鼠大王，收复了失去的土地，从此我们非金属王国将更加的太平安康。让我们为此来干一杯！"氧气国王说完，大家纷纷拍手称好，然后将面前的美酒一饮而尽。

穿着鲜艳，身姿曼妙的侍女们接着为各位来宾倒酒。金属王国的嘉宾领队金先生端着满满一杯美酒站了起来，他用尊敬的语气对氧气国王说：“尊敬的氧气陛下，鼠大王不仅侵犯了非金属王国，也霸占了我们金属王国的很多土地，是您将他一举歼灭，这对我们金属王国来说也是难得的喜讯，为此，我借这杯美酒，向您表达深深的敬意。”金先生将美酒一口喝下，然后俯身向氧气国王鞠躬致意。

“不要客气，在这个自然界里，金属与非金属本来就是友好的兄弟，大家本应互相帮助。金先生，快请坐，不要这样拘礼。”氧气国王友好地说。

金先生开了个头，使得金属王国的其他来宾以及盐类家族的嘉宾们都端起酒来向氧气国王表示感谢，因为他们都受鼠大王的迫害已久，但是敢怒不敢言，现在氧气国王将鼠大王歼灭，他们终于可以过舒心的日子了。

他们敬酒，氧气国王也不好推辞，这一来二去，大家都喝了不少酒。氮气主席怕国王再喝下去身体会有所不适，于是建议说：“陛下，只是喝酒无趣，不如我们来玩一个小游戏好吗？”

氮气先生的提议，让氧气国王和所有嘉宾提起了兴趣：“氮气先生，你说说我们玩什么游戏？”

“我们非金属王国正在召开奥运会，今天我们索性就将比赛继续到宴会上。宴会上不能武，但是能文。这场比赛就叫做非金属运动会的报数比赛。”氮气先生边思考边说。

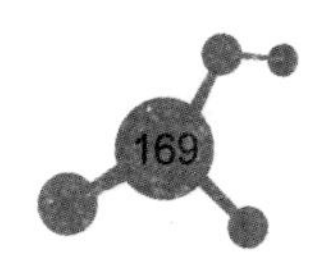

“怎么个报数法？”稀有气体家族的氡先生忍不住问。

“这个报数，报的是各元素在地壳中的含量。我们看一看谁在地壳中含量最多，谁在地壳中含量最少，多的多到什么程度，少的少到什么地步好不好？”氮气先生解释说。

“不错，这个建议好。”卤素家族首先附和，“看看我们非金属家族到底有多么的壮大。”

“是呀，人类有赵钱孙李周吴郑王这样的排名，我们非金属也可以按在地壳中的含量来排一下名。”奥运冠军金刚石先生说。

“好，我也赞成。”

“我也来玩儿。”

非金属王国的代表们都表示很愿意参加。报数比赛于是便开始了，主持人便是非金属奥运会主席氮气先生。

“那我先来。”氮气先生清清嗓子说，“我是氮，自然界绝大部分的氮是以单质分子氮气的形式存在于大气中，氮气占空气体积的78%。”

“哇，这么多！”大家忍不住称赞道。

“但是，我在地壳中的含量仅仅为0.0046%。”氮气先生耸耸肩说。

“咦。”氮气先生说完，非金属的成员又开始起哄。

这时坐在氮先生左边的碳先生站起身来说：“我是碳，

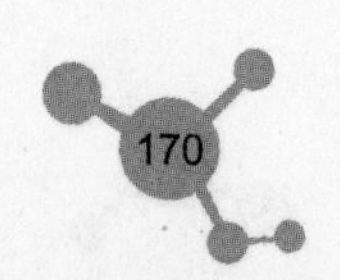

碳家族在地壳中的质量分数为0.027%，在自然界中分布很广……我们以化合物形式存在的碳有煤、石油、天然气、动植物体、石灰石、白云石、二氧化碳等。”他有点喝醉了，把这里当成了奥运报刊采访的现场，所以当他说完后，又加了一句“感谢电视机前观众朋友们的观看，再见！”

这逗得大家捧腹大笑，他的兄弟金刚石赶紧拉碳先生坐下。然后，硅小姐站了起来，虽然到目前为止，硅家族并没有在奥运会中获得冠军，不过硅小姐仍非常的骄傲，因为她自己长得很漂亮，而且还有一个非常强大的家族，她娇滴滴地说：“我们硅家族呀，在自然界分布那是非常的广，地壳中约含27.6%，大部分呢，主要以二氧化硅和硅酸盐的形式存在。说实话，在这里，论这个报数比赛，我就钦佩氧气国王家族。因为硅的含量在所有元素中含量仅次于氧，居第二。但是氧气是无色的气体，而我们的形状分为结晶形和无状形，而且我们硅家族的性情很好，化学性质非常稳定。在常温下，除氟化氢以外，我们很难与其他物质发生反应。我们家族已经建立了旅游基地，欢迎大家来玩儿！”

硅小姐说完，在场的所有人并没有对她所说的旅游基地产生兴趣，反而对氧气国王的家族产生了兴趣，因为硅小姐透露说，氧气国王家族在地壳中的含量最多。

“国王陛下，说说氧气家族在地壳中的含量吧！”硅小姐

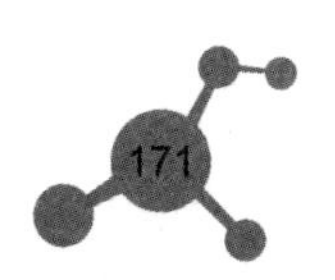

撒娇说。

“呵呵，好吧。”氧气国王笑呵呵地说，“氧在地壳中的含量占第一位，48.6%。干燥空气中含有20.946%体积的氧，水由88.81%重量的氧组成。”

“真了不起。”

“果然是大家族呀！”大家议论纷纷。

“氧家族只是非金属家族普通的一员，没什么特殊。万紫千红才是春嘛，非金属王国是因为大家才变得如此美妙的，来来，我们继续报数游戏，下一个到谁了？”氧气国王谦逊地说。

“哦，是我，我是碲。我们碲家族是地壳中最少的半导体元素，在地壳中含量为0.005ppm。”碲有些腼腆地说。

“这个ppm是个什么单位？”硼先生不解地问。

“呵呵，你小子不好好读书。”氧气国王嗔怪道，“谁能给他解释一下ppm的意思？”

“ppm的意思是‘百万分之’，0.005ppm就是说一百万中只有0.005的意思。”一个看起来很年轻的小姑娘细声说。

“非常准确。你是哪位？怎么他这个大小伙子不懂，你这个小姑娘反而懂这些呢？”氧气国王不禁称赞道。

“我是惰性气体家族的氖。我知道，是因为我们在地壳中的含量也是这样记录的。”小姑娘说，“我们在地壳中的含量

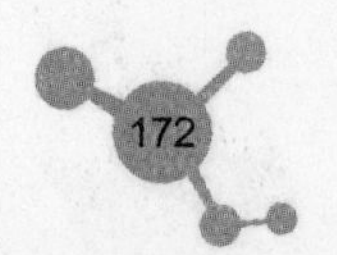

是0.00007ppm，比碲家族还少很多。”

“哦，原来是这样。我们非金属王国还有哪些家族是这样计算在地壳中的含量的？”氧气国王向众人问道。

“还有我。”

“还有我。”

“我也是。”

很多非金属元素都举起手来。

“这么多，先让这些含量很少的元素们报一下自己在地壳中的含量吧。”氧气国王建议说。

“我是磷，我在地壳中的含量是1000ppm。”白磷介绍道，他在这次灭鼠大战中做出了巨大的贡献，大家都奋力为他鼓掌。

“我是硫，我在地壳中的含量是260ppm。”

“我是氯，在地壳中的含量是130ppm。”

“原来我们英勇无比的氯气队长，他的家族在地壳中含量也这么少呀。”

“我是氩，在地壳中占1.2ppm。”

“我们砷家族在地壳中占1.5ppm。”

“我们硒家族的含量是0.05ppm。”

“我们溴家族在地壳中的含量是0.37ppm。”

“我是惰性气体家族的氪，在地壳中的含量是0.00001ppm。”

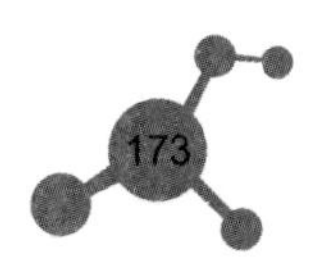

“我是碲，地壳中含量是0.005ppm。”

“我是碘，地壳中含量是1.4ppm。”

“我是惰性气体家族的氙，在地壳中含量是0.000002ppm”

“你比氖的含量还要少呀！”氧气国王和蔼地说，“你们惰性气体家族还有一位氡先生，他可是地球上最重的气体呀，他怎么没来报数？”

“陛下，我们氡在地壳中的含量就更少了。”氡先生站起来介绍说，“3×10-6Bq/m^3。我们的计量单位是质量物质中的放射性活度，称为活度浓度。”

“我记得卤素家族的砹先生在地壳中含量也非常少，据说人类到目前为止还没发现天然的砹元素？”氮气主席说道。

“是的，我是砹，我们在地壳中的含量是3×10^-24%。”砹先生说道。

“你可是比人类的大熊猫还要珍贵呀！”氧气国王笑言，砹先生不好意思地挠了挠头。氧气国王往周围看了看，还剩下氢、氦、硼几位没有介绍，于是挥手示意他们起来介绍自己。

奥运会主持人氢小姐站了起来，她身姿曼妙，声音甜美动听，她大大方方地说：“我是氢，分子氢在地球上的丰度很小，但化合态氢的丰度却很大。氢在地壳中仅占0.88%，但是在地壳外层的三界——大气、水和岩石里以原子百分比计占17%，仅次于氧而居第二位。”

氢小姐说完后，氦气小姐站了起来，她也很漂亮，但是她感冒后，嗓子发炎难以讲话，所以她只是说氦在地壳中的含量极少，但却没有说出具体的数字。

最后一个说的是硼先生，他说自己家族在地壳中的含量是0.001%。大家点了点头。

这样一来，冠军非氧气国王莫属，大家为了表达对氧气国王的敬爱，于是用鲜花做了一个花环献给了国王。

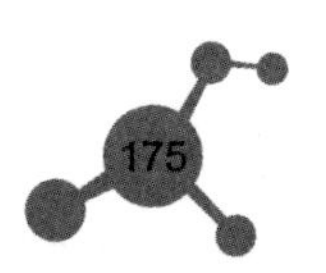

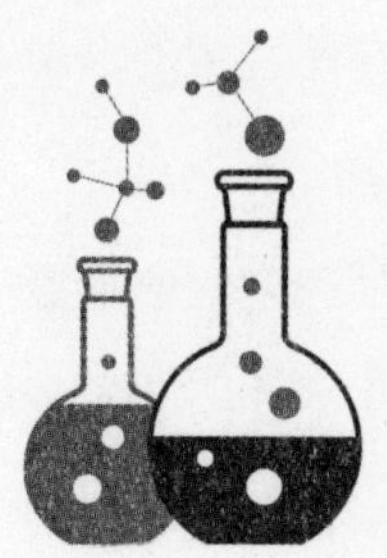

第三十二章

重量级非金属——非金属的重要性比较

非金属王国的宴会还在举行着，氧气国王命人端来了一盘子红艳艳、脆灵灵的大红苹果，每一颗苹果都香气诱人，其中最上面那一个最大最红也最香甜。侍卫把那个最大的苹果端给氧气国王。氧气国王推辞说："这个最大的苹果应该给我们尊敬的来宾。"

侍从又把苹果给嘉宾端过去，可是嘉宾们却说应该论功行赏，这颗最好的苹果应该给最重要的一位运动员。

但谁是最重要的运动员呢？此刻非金属元素的代表们都已经喝得有些微醉，他们不再谦让，而是为此展开了一番唇枪舌剑的争夺。

"我觉得，最重要的非金属是我们的氧气国王，他不仅在供地球上所有的动植物呼吸，而且还管理着我们整个非金属王国，可谓是劳苦功高。”美貌的氢气小姐温柔地说。

她这样一说，众人都沉默下来，因为氧气国王德高望重，没有人觉得自己比氧气国王更该得到这个红苹果。

“氧气在人们的生活中是具有很多作用，在冶炼工艺中，提高氧气的浓度不但能缩短冶炼时间，还能提高产品质量。在化学领域，氧气主要用于原料的氧化，例如，重油的高温裂化，煤粉的气化等。在人类的国防工业中，液氧是最好的助燃剂，人类制造的超音速飞机也需要液氧作为氧化剂，液氧还可以用来制作炸药。在医疗保健方面，氧气又常供给病人呼吸。”氧气国王将氧气的作用一一阐述，但是最后他摇摇头说，“但我并不认为自己是非金属中最重要的元素，所以我退出争夺这颗最漂亮的苹果。我看硅小子就不错嘛，硅，你来说说你们家族的用途！”

“好，我来说说。”硅先生站起来开始叙述，“首先，高纯的单晶硅是重要的半导体材料，这在开发能源方面是一种很有前途的材料。第二，我们是金属陶瓷、宇宙航行的重要材料，可应用于军事武器的制造，第一架航天飞机‘哥伦比亚号’能抵挡住高速穿行稠密大气时摩擦产生的高温，就是靠我们三万一千块硅瓦拼砌成的外壳。第三，我们被应用于光导纤维通信，这可是最新的现代通信手段。据人类报道，光纤通信

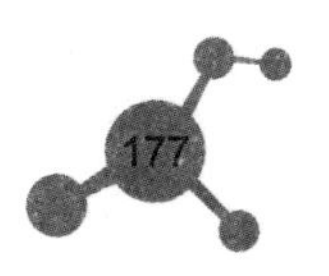

将会使21世纪人类的生活发生革命性巨变。第四，我们还可以制成性能优异的硅有机化合物。”

“行啦，行啦！硅先生，你坐下吧！”碳先生说道，“你就那么点本领，至于说这么久吗？我们碳家族还没发话，你就开始逞能了。我们碳家族获得了三块奥运金牌，你得了几块？”

碳先生几句话便让硅先生哑口无言了，他涨红着脸说：“你有什么本领，难道比我还大吗？”

“那当然。”碳先生毫不谦让地说，“我觉得这最好的苹果应该属于我们碳家族。我们在这次奥运会中的表现已经有目共睹，这个暂且不论，我们的贡献也是非常卓越的。碳单质很早就被人认识和利用，碳的化合物更是生命的根本。就拿石墨来说吧，他可以用来作耐火材料、导电材料、润滑材料。石墨具有良好的化学稳定性，还可以用来作铸造、翻砂、压模及高温冶金材料。而金刚石更是全世界最坚硬、最美丽的物质，真是光彩夺目呀！”

碳先生的话让一旁的金刚石先生有些不好意思起来，本来他的话无可厚非，但是他说金刚石是自然界最美丽的，这句话惹怒了氢小姐和氦小姐。她们俩都身材曼妙，面容姣好，觉得自己貌美。本来谁贡献大，谁得到这个最美的苹果无所谓，但是如果有人说比她们美丽，她们就很在意了。

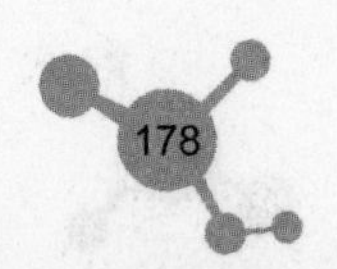

“碳先生，难道就你们碳家族贡献大吗？没有别的元素的帮忙，你能做成什么事？我看氢气小姐就比你的贡献大得多，你燃烧产生的二氧化碳，令全球变暖，难道这不是很大的危害吗？氢小姐燃烧起来没有一丝一毫的污染，不比你好得多？”氦气小姐毫不客气地说。

“呃……这个……”碳先生悻悻地坐下了。

“氦小姐，你的作用也很大，我知道你常作为保护气体、气冷式核反应堆的工作流体和超低温冷冻剂等，但是你并不像碳先生那样骄傲。我们虽然有这么大的贡献，但是并不像有些人那样对这个红苹果这样在意，因为我们本身就是最漂亮的。”氢小姐郑重其事地说。

“千万不能得罪女人呀！”碳先生自己嘀咕道，“不然你会死无葬身之地的。”

“既然美丽的氢小姐和氦小姐无意争取这个苹果，那我觉得我还是有一点竞争实力的。”淡黄色的硫先生慢吞吞地说，“因为对所有的生物来说，硫都是一种重要的必不可少的元素，我们是大多数蛋白质的组成部分。我们还被广泛地应用在肥料、火药、润滑剂、杀虫剂和抗真菌剂中。”

“硫先生，难道二氧化硫先生不是你们硫燃烧产生的，他对环境的污染可不小啊！”砷先生说道，“我们单质砷和我们家族的化合物大多被运用在农药、杀虫剂、除草剂与许多的合

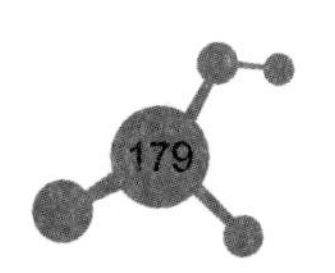

金中，我们除掉了那么多的害虫，可是却从来没有邀过功。”

“砷先生，你们在古代可是用来制作砒霜的，相信被你们毒死的人类也不少吧，你们在人类的名声可不太好。”硒先生说，“我们硒家族的功劳虽然不能够吃那个最美的苹果，但是还是比你砷先生家族多一点的。我们被用于制作光电池，使玻璃变红色，提高橡胶的抗热、抗氧化及耐磨性，而且我们从来没有做过污染环境，损害人类的事情，我们才是拥有一颗最纯洁最甘于奉献的心灵的元素。”

硒打出了感情牌，这让碲先生很不以为然：“得了吧，别煽情了，就你做的那点儿事儿，根本不值得一提。我们碲能够改善低碳钢、不锈钢和铜的切削加工性能。我们碲还能使别的材料更加坚固耐磨，还可以做催化剂。”

碲先生越说越美，而他旁边的卤素家族却忍不住掩嘴笑了起来：“哈哈哈，真是太好笑了。这个最大的苹果应该是我们卤素家族的，你们却争来争去。我氯气能够制盐酸、漂白粉，能够为饮用水消毒，还能制农药、氯仿，合成塑料。我的大哥氟气更是除去鼠大王的功臣，而且还在原子能工业中发挥着重要作用。我的三弟溴和他的化合物可被用来作为阻燃剂、净水剂、杀虫剂、燃料等等。而四弟碘，在有机化学和医药、照相方面的用途都非常广泛。我们的五弟砹，更是有强烈的辐射性。所以这个最大最好的苹果该是我们卤素家族的。”氯气先生伸手就要拿那个大红苹果。但是，氮气先生眼明手快，他把那个苹果拿在手中，然后说："氯气，别急嘛，惰性气体家族还有很多人还没说话呢。"

"这个……"惰性气体家族的氦气已经发表意见了，但是氖、氩、氪、氙、氡挠挠头，他们想不出自己有什么重要性。

"你们呀！"惰性气体家族的大姐姐氦气忍不住叹气说，"你们虽然不去争这个苹果，但是不能让别人忽视了自己的重要性。你们可以做保护器，又可以做发光气体用，还可以被用于激光技术，难道都忘了？"

"嘿嘿，是呀，这就是我们的用途。"其他五个人笑着附和说。

"氮气主席，硼先生，你们两个也说说自己的重要性吧！"氧气国王说道。

硼先生一向说话简练，而且他对那个苹果似乎并不感兴趣，于是便简练地说："我常被用于耐高温合金工业，制作温度表，做催化剂、陶器、植物营养剂、半导体等。在核化学中还被用做吸收剂。"

"硼先生还是一种对人体非常重要的微量元素，对维持人体的正常生理功能有很重要的作用。"氮气先生替硼先生补充道，"而我们氮就没有这么多用途了，我们只是对植物生命活动以及农作物的产品质量发挥了一点作用，因为我们能促进生

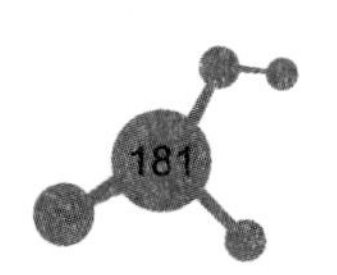

N

长发育、养分吸收和光合作用，参与体能的代谢活动。”氮气主席谦逊地说。

“那我们这个最大最红的苹果到底该由谁得到呢？”氧气国王最后发问道，“你们觉得谁才是非金属王国最重要的元素呢？”

这下全体非金属都沉默无语了，经过这一轮的介绍，每个人都明白了，虽然自己为非金属王国和大自然做了一些贡献，但是别人也同样做了很多贡献。大自然缺少不了任何一种非金属元素，他们都具有同样的重要性。

“我们把这个苹果放入锅中熬汤，我们一起分享吧。”氮气先生建议道。

“对，熬汤，一起分享。”所有的非金属都赞成这个建议。

氧气国王满意地点了点头，因为他的臣民终于明白了集体的力量以及重要性。

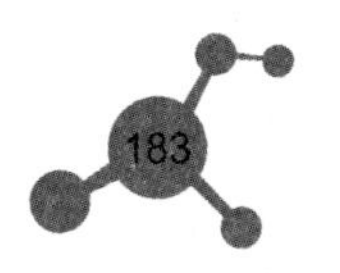

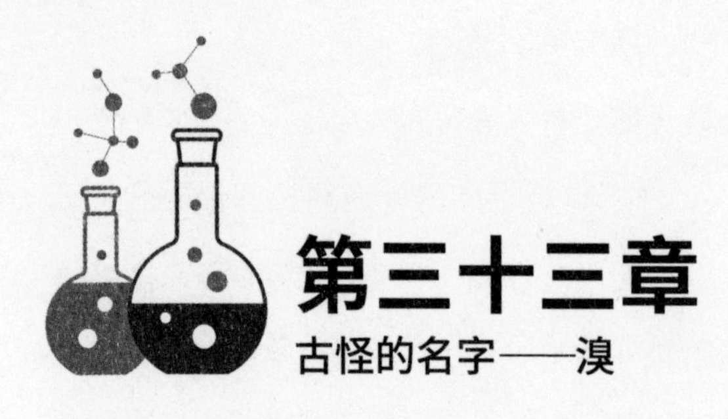

第三十三章 古怪的名字——溴

在非金属国王氧气举办的宴会之后，非金属奥运报刊又进行了一系列特别的采访，第一期的采访对象不是奥运冠军，也不是高官大臣，而是非金属王国唯一一位在室温下是液态的非金属元素——溴。

溴先生是舞蹈家，他有着红棕色的皮肤，全身为液体，所以善于流动，因此能跳出美妙的舞姿。不过，他也有自己的烦恼，那就是他在常温下有一股与氯气相似的恶臭。他在此次毒性比赛中获得了季军，这让他崭露头角，小有名气。又因为他本身有很多的特殊性，所以非金属奥运报刊决定为溴先生做一期特别报道。

“你好，溴先生，恭喜您在灭鼠大战中获得成绩。”白磷小姐对溴先生敬佩地说，“针对灭鼠大战，我能问您几个问题吗？”

“当然可以，您请问吧。”溴先生非常绅士地说。

“在灭鼠大战中，有人说氟气、白磷、氯气是自身具有剧毒，并不是最勇敢的，大家反而认为您是最勇敢的。”白磷小姐说道，“因为他们都是宫廷卫队的侍卫，而您却是一个舞蹈家。面对硕鼠，当时您有感觉到害怕吗？”

“害怕倒是没有，不过有很多的担忧。因为我本身就是液态，而且我很清楚自己的毒性，所以我很有信心不会被硕鼠伤害到。但是，当时，我并不清楚氧气国王的安排，所以很担心硕鼠大军会一拥而上，那时候局面就不好收拾了。”溴先生淡定地说，回忆起那场灭鼠大战，他丝毫没有表现出很激动的样子。

“您真棒，真勇敢！”白磷小姐情不自禁地赞美道，“您的名字叫做‘溴’，这个名字听上去很奇怪，为什么会有这样一个名字呢？”

“呵呵，很多朋友都觉得我的名字很奇怪。其实这是源自于希腊语，意思是‘公山羊的恶臭’，因为你知道，我跟我大哥氯气一样有一种恶臭的气味。唉，我一般不会提起，但是没办法。”

“不好意思。”白磷小姐内疚地说，“我不应该提这件

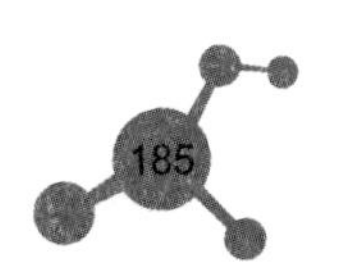

事。我知道您是一个很优秀的舞蹈家，非常在意自己的形象。”

“没关系，我们都应该正视自己的缺点嘛！”溴先生轻松地耸耸肩说，他想以此方式来减轻白磷小姐的内疚。

“您真是一位绅士，可是我想许多观众朋友对您并不是特别了解，您能为自己做一些更多的元素描述吗？”白磷小姐温柔地问道。

“好的。”溴先生点点头说，“哈喽，各位观众朋友们。我是溴，一种棕红色发烟的液体。我的密度是3.119g/cm^3，熔点是-7.2℃，沸点是58.76℃，主要的化合价是-1价和+5价。我的蒸汽对黏膜有刺激作用，会引起人或者动物流泪、咳嗽。这也是我打败硕鼠的一个原因吧。我的技能跟我二哥氯很像，相信大家对他是很熟悉的，但是我的技能比他稍逊。因为我只能跟惰性金属以外的金属发生反应，而我的大哥和二哥却几乎能同所有的金属发生反应。虽然我的技能比较弱，但是我却有很强的腐蚀能力哦，看看那些被我打败的硕鼠就知道了，他们的皮肤可被我腐蚀得很厉害呢。另外，我还可以腐蚀橡胶制品哦，所以我一般都会戴着手套，防止自己一不小心伤害到别人。唉，这个问题我一直很头疼，因为我曾无意中伤害过人类。”

“这真是很遗憾，不过我想您可以借助我们的节目，向大家传递一些防护措施。”白磷小姐建议说。

“如果这样，那真是太好了。”溴先生高兴地手舞足蹈起来，“首先呢，我要告诉大家一些溴中毒的症状。”

“哦，中了您的毒之后会有什么症状呢？”白磷小姐附和着溴先生发问。

“就人类来说，如果不小心吸入了一些低浓度的我们溴家族的成员，就会引起咳嗽、胸闷、黏膜分泌物增加，而且还有可能头痛、头晕、全身不适。另外，一部分人还有可能引起胃肠疼痛。如果他们吸入了高浓度的我们家族的成员，那么他们的鼻咽部和口腔黏膜就有可能被染色，他的口中呼气会有特殊的臭味，还会流泪、怕见光，然后就是剧烈地咳嗽、声门水肿，最后还有可能窒息。如果长期吸入我们家族成员的分子，那么他有可能会产生神经衰弱。”

“啊！这么严重！”白磷小姐有些害怕地说，“那该如何预防呢？”

“人类对于我们家族成员的预防，主要是要保护好储存溴的场所，还要加强通风和个人的保护。”

“哦，原来是这样。对了，溴先生，您的家乡在哪里呢？”白磷小姐再次问道。

“我来自大海。据说，我们溴大部分是从盐卤和海水中来的，还有一些是从制盐的废盐汁中直接点解得来。我们溴在自然界中和其他卤素一样，没有单质状态存在。我的化合物经常

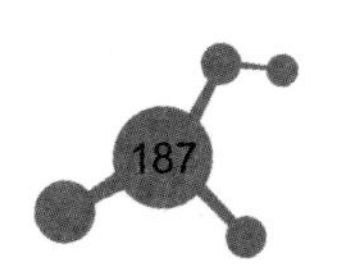

和二哥氯的化合物混杂在一起，因为我们的感情很好嘛。不过我可是海水中非常重要的非金属元素哦。地球上百分之九十九的溴元素都是存在在海洋中的。”谈起自己的家乡，溴先生便开始滔滔不绝了。

“所以您才被称作‘海洋元素’？”白磷小姐似乎恍然大悟。

“是的，我生于海洋，海洋养育了我，我的舞蹈也大多是从海洋中吸取灵感。”溴先生开心地说，他对海洋有别样的深情。

“我不但知道溴先生对大海有深情，而且我还知道您对一位朋友有着很深的感情。”白磷小姐故弄玄虚说。

“朋友，很深的感情，你说的是……”溴先生有些不解。

“他也非常爱好舞蹈，据说你们曾经有过密切的书信来往，彼此成为知己。”白磷小姐娓娓道来。

“你说的是金属王国的钾先生？”溴先生惊讶地说，“这件事你们怎么会知道？你们也太神通广大了吧。”

“这是您的大哥氟气先生透露给我们的，他说您一直以来都有一个愿望，那就是能够亲眼见到钾先生，跟他好好跳一段舞。”白磷小姐笑着说。

“是的，不错。”溴先生眼中含着泪花说，“我曾经好多

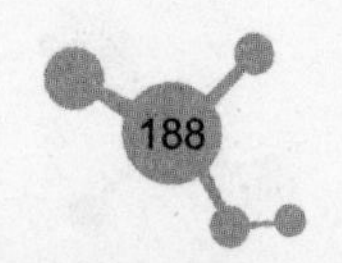

次差点放弃了舞蹈，因为我的兄弟们都不同意我跳舞，在我们的家族中，当一名宫廷侍卫，才是最荣耀的事情。不过后来我知道了钾的经历，他也曾经顶住全族的压力去学习舞蹈，最终成为了一名优秀的舞蹈演员。我和他通信，他一直鼓励着我，让我坚持到现在。所以，钾对我来说，不仅是一位知己，更是我最敬爱的老师。"

溴的话，让白磷不禁潸然泪下，她说："溴先生的奋斗经历令人感动，今天，我们也满足溴先生一个愿望。我们报刊的工作人员联系到了金属王国的钾先生，并把他请到了我们节目的现场。"

"真的吗？"溴先生的泪水溢出了眼眶，他赶忙擦掉了，"他在哪里？"

"让我们有请钾先生。"白磷小姐大声喊道。

在观众的掌声中，一袭银白色西装的钾先生从舞台后面走了出来。美妙的音乐响起，他不禁轻轻跳起了舞步，此时，溴先生也跳了起来。他们的舞步优美又多变，让观众们眼花缭乱。

一舞完毕，他们张开了双臂，准备拥抱。这时，白磷小姐忽然想到了什么，她急忙大声呼喊道："不能拥抱！"但是她话音未落，钾先生和溴先生便拥抱在了一起，紧接着，"轰"

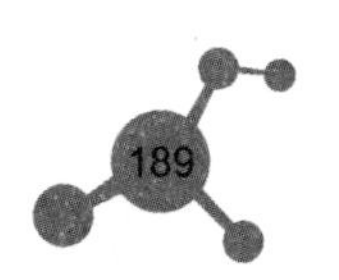

的一声巨响，他们两个发生了剧烈的爆炸！

“唉，我怎么就忘了提醒你们呢？”白磷小姐惋惜地说，“你们一个氧化性强，一个还原性强，一碰到就会反应，一反应就会爆炸的呀！唉！工作人员，赶紧过来，快把他们送去医院！”白磷小姐关切地喊道。

第三十四章

淀粉试金石——碘的独特性

当非金属奥运会正如火如荼地召开的时候，有机物王国也得到了这一消息。有机物王国的公主淀粉正当妙龄，她的意中人是一位能让她变蓝的年轻人。但是有机物国王石油寻寻觅觅，找了很多年，还是没有帮淀粉公主找到意中人。

这一天，他在电视上看到了白磷小姐对溴先生的采访，觉得非金属王国现在真是人才辈出。石油国王顿时有了主意，世界这么大，淀粉公主的意中人不一定必须在有机物王国呀。

于是，第二天，石油国王便带着淀粉公主和一干随从，拿着贺礼，到非金属王国做客。氧气国王对有机物国王和公主的到来倍感荣膺，他以最高礼遇接待了两位贵宾，并设国宴来款待贵宾。宴会完毕，石油国王和氧气国王进行了秘密谈话。

“氧气老弟，我这次携公主前来，是有重要的事情。”石油国王慢慢打开话题，“请您一定要帮我这个忙。”

“石油大哥，我们两个国家渊源极深，有机物中大部分是由非金属组成的，我们一直是十分友好的盟国。当年，我们与鼠大王进行大战的时候，您第一时间派出军队帮助我们。今天，我们非金属王国举行奥运会，你又无偿提供了比赛用的所有燃料，对此我真是感激不尽。”氧气国王言辞恳切地说，“所以，您有什么要求，尽管提出来，我一定答应。”

“氧气老弟，有你这句话我就放心了。”石油国王握着氧气国王的手说，“其实，我们有机王国国泰民安，人们生活安康富足，既无外患，也无内忧。即使是原来猖獗一时的鼠大王，也对我们忌惮三分，不敢靠近。按理说，我应该舒舒服服快快乐乐地做个逍遥王，但是偏偏就有一件事让我夜不能寐。”

“老大哥，您说，我们一起想想办法。”氧气国王认真听着。

“我膝下无子，只有一个最宝贝的女儿。”石油国王说道，“这个女儿呀，真是聪明伶俐，整天不知道哄得我多开心。”

“淀粉公主貌若天仙，又智慧过人，恐怕求亲的人快踏破有机王国的门槛了吧，老大哥，您是不是为这事儿操心呀？”氧气国王故意调侃道。

“唉，老弟。自小女十五岁起，上门求亲的人是络绎不

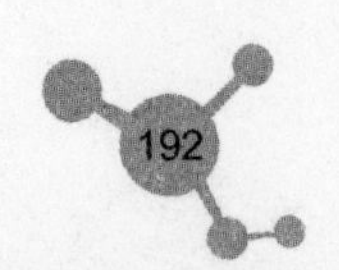

绝，其中也不乏年轻才俊，但是没有一个能如她愿啊。”石油国王叹气道。

“哦，不知淀粉公主有什么要求？”氧气国王对此事也非常诧异。

“她说，她不求这个人英俊潇洒，也不求这个人博学多才，更不求这个人家财万贯。”石油国王回忆着淀粉公主的话，“只要这个人能让她变蓝。如果不能遇到这个人，那么她将终身不嫁。你说这愁不愁人？”

“能让淀粉公主变蓝？”氧气国王十分疑惑，他心里想，“怎么会有这么古怪的要求呢？”但是他嘴上又不便继续追问。

没想到石油国王却看出了氧气国王的疑问，他说：“从知道她的要求那天起，我几乎把有机物王国所有的年轻人都找遍了，但是没有一位能让她变蓝。后来，我也生气了，于是就问她为什么非得找一位能让她变蓝的。”

“公主如此痴恋那位让她变蓝的年轻人，其中一定有什么渊源吧？”氧气国王端了一杯水给石油国王。

石油国王润了润嗓子说：“公主年幼的时候十分淘气，经常撇开侍卫独自出门玩耍。有一次，不小心被一伙歹人给挟持了，他们想要挟公主进行勒索。公主又害怕又绝望，这时，有一位英勇的少年出现了，他打败了那伙歹人，还把公主送回了有机物王国。公主很仰慕那位少年，但是却又不知道那少年的家乡和姓名，只记得那位少年说的一句话。”

“那是句什么话？”氧气国王好奇地问道。

“那少年说‘你本来肌肤如雪，怎么遇到我竟然变蓝了呢？奇怪。’”石油国王说道。

“哦，原来如此。”氧气国王捋着胡子深思着，“难怪淀粉公主有如此要求。”

“氧气老弟，我们两国相邻，那位年轻人既然不是有机物王国的，那么必定是非金属王国的，请你务必帮我找到呀！”

“老大哥，您放心，我这就去安排。”氧气国王心中已经有了主意，“接下来，我就将举行一个比赛，叫做‘淀粉试金石’比赛。”接着，氧气国王便把组委会主席氮气先生请来了，让他着手开始准备比赛。

“淀粉试金石比赛”，这么奇怪的比赛，非金属王国的运动员们从来就没有听说过。

“这是什么比赛，怎么从来没听说过？”碳先生说，“不过，重在参与嘛，我是一定要报名的。”

“比赛可以用任何技巧和辅助，重要的是能使淀粉公主变蓝。”硼先生念着比赛要求说，“这个比赛有意思，不参加太遗憾了。”

“我也报名，听说淀粉公主比雪还白呢。”

“我也要参加。”

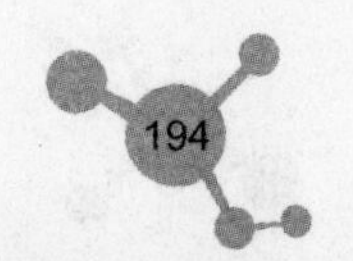

大家争相踊跃报名。氧气国王又命令氮气主席加大宣传，所以基本上所有的非金属元素都报名了。

淀粉公主派出了自己的侍女小淀粉来试试谁能让淀粉变蓝。硼、碳、磷、硫、砷听说淀粉公主喜欢看戏，所以他们就合伙表演了一场精彩搞笑的喜剧给淀粉公主看，希望淀粉公主一开心就能变蓝。

“嘻嘻嘻！”侍女小淀粉抿嘴偷笑，“公主殿下，你看他们跳来跳去，脸上抹得五颜六色的，多好玩儿呀！”

可是公主却神色不悦：“真无聊，以为逗我开心就能让我变蓝吗？”

惰性气体家族也来凑热闹了，他们将小淀粉笼罩起来，可是小淀粉却视若无物。随后，各个家族的青年才俊都各施其技，但是没有一位能令小淀粉变蓝。

“公主，这怎么办？”小淀粉问。

“看来这其中并没有我的意中人。”淀粉公主说道，“还有没有别人了？”

“还有我，还有我！”卤素家族的碘先生喊道。

“哈哈！碘，你这么急着见公主吗？”一位爱开玩笑的碳先生说道，“快进去吧！”他顺手推了那位碘先生一下，那位碘先生一不小心撞到了小淀粉的脚上，小淀粉的脚瞬间变蓝了！

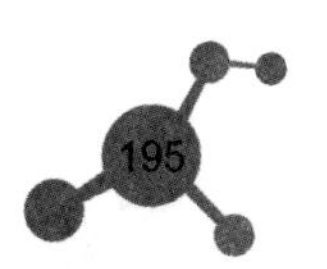

“变蓝了，变蓝了！”众多非金属震惊地看着。

“公主，我变蓝了！”小淀粉兴奋地喊道。淀粉公主心中一阵惊喜，她急忙从屏风后面走了出来。淀粉公主身姿婀娜，面若桃花，真是艳丽无比！

她走到那位碘先生面前，握了握他的手，淀粉公主瞬间变成了蓝色。她脸上顿时绽开了笑容，然后她又温柔地说：“我问你一句话，‘你本来肌肤如雪’，下一句该是什么？”

“什么意思？”那位碘少年被问得有点丈二和尚摸不着头脑。

“这位先生，你虽然能让我变蓝，但并不是我要找的人。”淀粉公主有点失望地说，“请问，你还有什么兄弟吗？他们可能是我要找的人。”

“哦，对了，我们家族有一位兄弟非常勇敢优秀，他在灭鼠大战中还立了大功呢！”这位碘先生说。

“真的吗？你能把他找来吗？”淀粉公主激动地握着碘先生的手说。

“他正在门口守卫呢！”碘先生说，“他是国王特地派来保护您的。”

“啊，小淀粉，这该怎么办？”要见到自己的意中人了，平时端庄聪慧的公主却没了主意。

“公主，我这就叫他进来。”

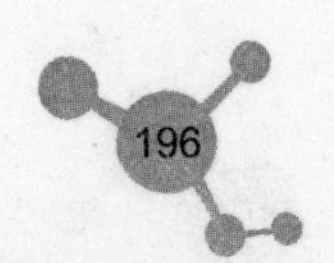

公主心情越来越激动，她觉得接下来要见的这个人很有可能就是自己日思夜想的人。她搓着手，有些紧张，又十分娇羞。

“参见公主殿下！”一位身材魁伟，相貌英俊，器宇轩昂的侍卫走了进来，他单膝跪地，向公主行礼。

公主的眼睛紧紧地盯着他，她的脸渐渐羞红了，她用娇怯的声音说：“你还记得我吗？”

“当然记得，”碘侍卫说，“‘你本来肌肤如雪，怎么遇到我竟然变蓝了呢？奇怪。’公主是想问这句话吗？”

“嗯，真的是你。”公主眼中充满无限深情，“我还有一句话问你。”

“什么话，公主请问便是。”侍卫说道。

“你可有妻子了？”公主紧张地问道。

“我……还没有。”这下该是碘侍卫不好意思了。

“那我要你做我的驸马！”公主高兴地揽着碘侍卫的手臂说。

碘侍卫笑了，他吻了公主的额头，这么多年，他也一直等着这位一遇见他就会变蓝的姑娘呢。

石油国王和氧气国王这下乐开了花，他们俩在商量着为淀粉公主和碘侍卫举行盛大的婚礼呢。

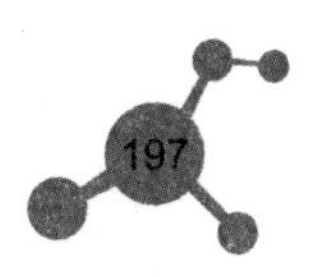

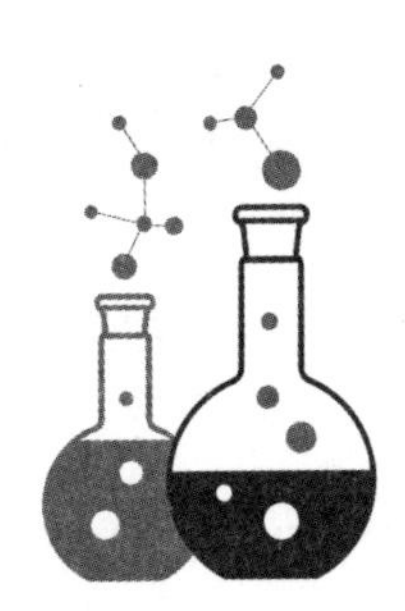

第三十五章

最佳搭档——非金属与水反应强弱

在非金属王国奥运会的最后一日赛程里，非金属最友好的朋友，孕育了大自然万物的女神——水女士来到了非金属王国，她为西伯利亚下了一场雪，又为炎热的亚马逊森林送去了雨水，当她飞行在非金属王国的上方的时候，看到这里热闹非凡的景象，于是忍不住停下了脚步，在百忙中抽空来观看比赛。

女神的降临让氧气国王感到万分荣光，他特意组织了非金属啦啦队来夹道欢迎水女士。水女士穿着淡蓝色的丝质衣衫，上面绣着江河湖海的图案，那代表全世界的水都由她管理。她气质雍容华贵，而心地却非常的单纯善良，所以氧气国王和众人都深深地为她折服。

“尊敬的水女士，欢迎你降临非金属王国。”氧气国王对水女士鞠了一个九十度的躬，希望能以此表达自己对水女士的感激之情。

“国王陛下，您太客气了，我是您的晚辈，您向我行此大礼，我哪能受得起？”水女士赶忙扶起氧气国王说。

“水女士，你虽然年纪比我轻，但是你对大自然的贡献却比我多得多。水是万物的生命之源，大地需要水，小草需要水，大树需要水，人类也需要水。”氧气国王满含深情地说，“地球之所以与宇宙中的其他星球不同，很重要的一个原因就是有你存在。”

“国王陛下，您过奖了。”水女士谦虚地说，氧气国王的夸奖让她有些脸红，她从来只知道孜孜不倦地努力工作，希望大自然更加美好美丽，却从未想过自己居然有这么大的贡献。在她心里，一直把自己看得很微小。“国王陛下，我从北半球飞到南半球，然后又飞回来，实在是有些累了。看到您的非金属王国正热热闹闹地举办运动会，于是就想进来休息一下。如果您这样兴师动众地招待我，我反而觉得自己来得太冒昧，打扰到您了。”

“哦，没有，你别这样想，你丝毫没有打扰到我。”氧气国王急忙说，“我们非金属王国上上下下都非常欢迎你的到来。你有什么需要，请尽管开口。”

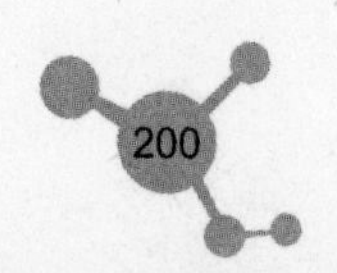

“国王陛下，我不需要鲜花，也不需要仪仗队的欢迎，如果您能给我在观众席上留一个位置，让我看一看非金属王国奥运会的一场比赛，我就会非常开心了。”水女士说。

“好的，好的。”氧气国王连忙答应着，“仪仗队退下！”然后他又对水女士说，“最好的座位已经给你留着了，另外，我们还专门为你准备了一场比赛。”

“真的吗？我也可以参加奥运会？”水女士好像不相信似的，瞪着水灵灵的大眼睛问。

“当然可以。”氧气国王笑呵呵地说，“这个比赛的主题是‘最佳搭档’，具体项目呢，就是看看我们非金属与水反应的强弱，我们选出最强者为冠军，你看怎么样？”

“这个想法真不错，我从小就想亲自参与到奥运会之中，可是到现在这个愿望还没实现。”水女士握着双手，激动地说着，“氧气陛下，今天我终于可以实现自己的这个愿望了，谢谢您给我这次机会。”

“不要客气，你能玩得高兴就好。比赛可能快开始了，我们去看比赛吧。”说完，氧气国王带着水女士就往奥运会场地走去。

为了迎接水女士的到来，非金属们精心准备了这场比赛。22个非金属家族都报名参加了本场比赛，但是很多元素心里非常清楚，自己并不能跟水反应。所以志愿者们特意准备了

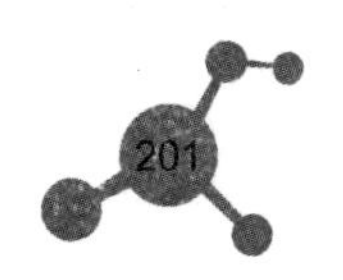

高温、加热的辅助，希望能出现奇迹，能让更多的非金属元素借助辅助跟水反应。但是事与愿违，惰性气体家族、硼、硫、磷、砷、硒等一个个都败下阵来。有些元素能在水中溶解，但是并不能发生反应。这下可急坏了氧气国王，他把氮气主席找来了，跟他商量对策：“氮气先生，水女士对我们非金属王国贡献非常大，她整日忙忙碌碌，就想来好好看一场比赛，你看你弄成了什么样子？”

“国王陛下，我也很着急呀，其实我们都知道，水不能跟酸碱比，她是中性的，要跟她反应，真的是很难啊！”氮气主席心里也叫苦连天。

“那些不能发生反应的家族，叫他们的成员别再上台了。我看卤素家族的成员本领比较高强，让他们试试！”氧气国王搬出了卤素家族这个杀手锏，“如果他们还不成，那今天可真是难以收场了！”

“好的，陛下，我这就去安排。”氮气主席急忙下台去安排。在卤素家族中，本领最强的当属老大氟气先生，所以氮气主席一下台便安排氟气先生上台比赛。

“下一位选手是氟气先生，他可是一位氧化本领非常强的运动员，他会给我们带来什么样的精彩表演呢？”氢小姐笑容可掬地介绍着。

氟气先生像一股旋风般地钻进了盛着水的大玻璃桶中，瞬

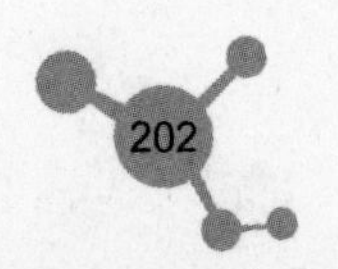

间玻璃桶中白浪滔滔，白雾冲天，剧烈地翻滚着，不久反应越来越剧烈。

“真是太壮观了。”水女士赞叹说，“这位英雄是谁？”

“呵呵，这是卤素家族的大哥氟气先生。”氧气国王表面上依旧笑呵呵，心里却惴惴不安，因为氟气与水的反应太剧烈了，他担心会有不好的事情发生。正在氧气国王担心的时候，只听“轰”的一声，盛着水的玻璃桶爆炸了。玻璃片飞得到处都是，水珠儿也漫天飞。不过观众席离赛台还有一段很长的距离，所以现场并没有人受伤。不过，这突发事件却让所有的观众都倍感震惊。

“嗯，没有人受伤吧？”水女士惊魂未定地问。

“哦，没有，观众席离比赛场地很远。其实，这只是个意外。”氧气国王对水女士解释说，“氟气的性质太活泼了。他们家族的其他兄弟倒是很好，让我们看一看他们的表演吧。”

氮气主席让工作人员打扫了场地，然后又重新准备了盛水的桶。接下来要上台比赛的是氯气先生，他也是一位氧化性非常强的气体，但是他的本领比氟气先生稍弱一些，所以没有发生爆炸，只是产生了白色的烟雾。随后，溴与碘也很顺利地与水发生了反应。

卤素家族的出色表现让氧气国王心中非常愉悦，他总算让水女士看到了一场真正的运动会比赛，实现了水女士的愿望。

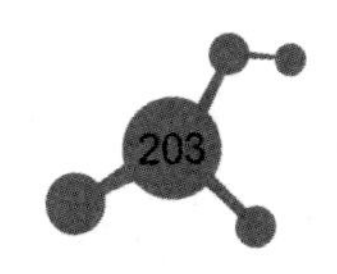

正当大家以为只有卤素家族才能与水反应的时候，赛场上又杀出一匹黑马，他就是碳先生。

在常温的条件下，他并没有与水发生反应，但是当他使用高温辅助的时候，碳奇妙地与水发生了反应，并且产生了一氧化碳和氢气两种气体。鉴于碳家族在本次奥运会中的出色表现，氧气国王专门为他们颁发了一枚“勇士”勋章。

而卤素家族在本场与水的反应中，揽获所有的奖牌，他们变得更加声名鼎沸！

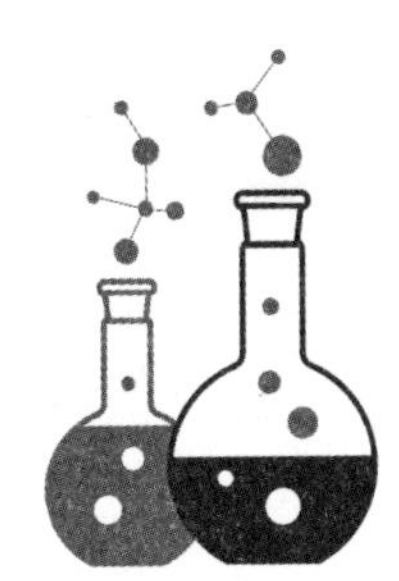

第三十六章

歧化反应——非金属中的特殊反应

水女士来非金属王国只看了一场比赛就赶忙去北国降雪了。可这一场比赛却成就了卤素家族的英名，他们的风头甚至盖过了碳家族。非金属奥运报刊上铺天盖地都是关于他们的报道。这不，今天，奥运报刊主编氢先生亲自对氟、氯、溴、碘进行采访了，砹先生因为没有参加与水的反应，所以一直不愿意出门。

“亲爱的观众朋友们，这里是奥运特别报道栏目，今天我们请到的嘉宾是卤素家族的氟、氯、溴、碘四位兄弟。他们现在可谓是我们非金属王国最当红的人物。氟气先生是卤素家族的老大，也是灭鼠大战的英雄，更是本次与水反应的冠军。氯先生和溴先生在灭鼠大战和此次与水反应的比赛中也有非常优异的表现，在百姓眼中，他俩既是战斗英雄，又是运动健将。而碘先生呢？我们知道，他刚与有机物王国淀粉公主成亲，是最英俊最勇敢的驸马。”氢先生向观众们一一介绍说，“本场奥运会成就了两大家族，一是碳家族，另一个就是卤素家族，现在我们正式开始对卤素家族的采访。”

“你们好，四位来宾，请坐。”氢先生笑容可掬地说道。氟氯溴碘一一落座。“首先恭喜四位，在本次比赛中取得优异成绩，也贺喜碘先生新婚。”

“谢谢。”氟、氯、溴、碘异口同声地说。

“我先问一下我们英俊潇洒的驸马碘先生。”氢先生看着碘先生说。

“嗯。”碘先生准备好了应答。

“您跟淀粉公主新婚生活如何？”氢先生故意调侃说，“据说您在结婚喜宴上被灌了不少酒，回家有没有被淀粉公主罚跪搓衣板？”

“呵呵，没有，没有。”碘先生的脸慢慢变红了，“那天我并没有喝醉。淀粉公主是一位非常好的妻子，我们现在的生活非常幸福。”

“娶了那么漂亮的公主，您当然是幸福了，估计很多人该哭了。”氢先生继续调侃碘先生，“淀粉公主风华绝代，那是多少男士的梦中情人呢。”

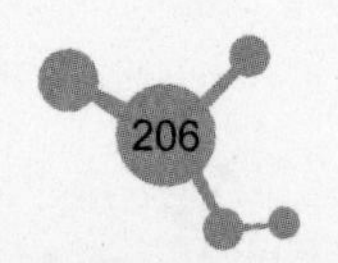

F
CL
I
Rn
奥运特别报道

氟、氯、溴抿着嘴忍不住笑，碘先生此时几乎面红耳赤了。氢先生不再调侃碘先生，而是将话锋转向氟气先生："让我们再来问一问氟气先生，据说与水反应的那场比赛中，被您炸碎的那个玻璃桶价值不菲，您后来赔偿了吗？"

"是吗？"氟气先生说，"这个我倒是不清楚。"

"您不清楚？确实是挺贵的。"氢先生继续胡诌，"损坏公物要赔偿。"

"呵呵，我一定赔。"氟气先生忍不住笑着说。

"闲话不多说，我们开始进入正题。"氢气先生正了正身子说，"在与水的反应中，四位可算是锋芒毕露。除了使用高温辅助的碳先生外，只有你们四位与水发生了反应，这其中是有什么原因呢？"

"首先，我们卤素家族有氧化性。"氟气先生首先开口说，"就比如说我吧，我是氧化性最强的单质，所以我能与水发生氧化反应。而我的弟弟们，他们的氧化性是逐渐减弱的，虽然我们都能与水反应，但是反应的实质是不同的。"

"哦，那氯气先生你们三位与水发生的是什么反应呢？"氢气先生转问氯气先生。

"我们与水反应的名称应该叫做'歧化反应'。"氯气先生介绍说。

"歧化反应？"氢先生疑惑不解。

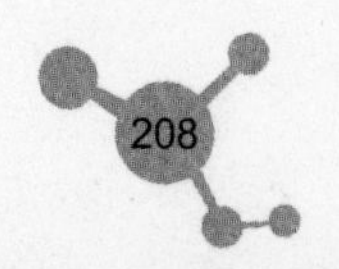

“没听说过吧。这个歧化反应呢，是氧化作用和还原作用发生在同一分子内部处于同一氧化态的元素上。”氯先生慢慢说着，好让氢先生和现场的观众朋友们有消化这些知识的时间。

“然后呢？”

溴先生接着解释说：“然后，会是这种元素的原子或者离子一部分被氧化，另一部分被还原。这种自身的氧化还原反应就称为歧化反应。”

“哦，有点懂了，可是还是不是特别明白。”氢先生大脑正在飞速地转动着思考着，“请大家原谅一下，我不是笨，而是我是学文科的，对这些理科类的知识知道的比较少。”氢先生自嘲着，其实以他的智慧早就明白了，只是他觉得现场的观众朋友们或许还不了解，所以希望卤素兄弟们能举例说明一下。

“就拿我二哥氯气来说吧。”一直没有开口的碘先生开口了，“一个氯气分子中，有两个氯原子。他们的化合价本来都是零价，在与水反应的过程中，一个被氧化，化合价升高了一价。另一个被还原，化合价降低了一价。所以他自身就发生了氧化还原反应，这就是歧化反应。”

“哦，原来是这么回事，让我们碘驸马这样一解释，我就完全明白了。”氢先生笑着说，“我们的碘驸马就是聪明，怪不得人家能娶到公主呢。”

“我这还有一个问题。”氢气先生接着问道，“既然在

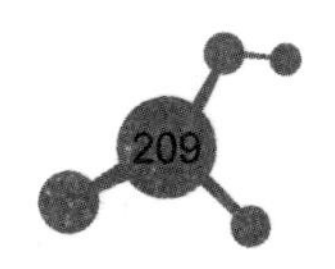

同一元素上既有化合价升高，又有化合价降低，这就是歧化反应，那么我相信你们不仅仅是只有与水反应的时候才能发生歧化反应吧？如果遇到其他物质，还能发生歧化反应吗？”

“你说得没错，主持人也很聪明嘛，知道举一反三。”氯气先生反过来调侃氢先生说。

“那是当然，看看我的大脑袋就知道里面装的全是知识。”氢先生幽默的话语逗得观众捧腹大笑。

“就以我自身再举一个例子吧。”氯气先生接着说，“拿我与碱类家族的氢氧化钠溶液来说，在常温下，我们可以反应生成氯化钠、次氯酸和水。”

“这也是个歧化反应？让我来计算一下，让大家也见识一下我这聪明的大脑。”氢先生开始分析着，“氯气中的氯元素的化合价为零价，氯化钠中的氯的化合价下降到-1价，而次氯酸中的氯的化合价则上升到+1价，对吗？”

“你太有才了！”溴先生忍不住称赞道。

“哈哈！”氢先生大笑道，“今天跟四位聊得很开心，你们接下来还有比赛，就不打扰四位了，希望四位再创佳绩。当下次再来我们演播厅做客的时候，希望会有更多精彩的故事与我们分享。亲爱的观众朋友们，歧化反应，您记住了吗？哈哈，我是记住了。好的，今天的节目就到此为止了，感谢您的收看，我们下期节目再会！”

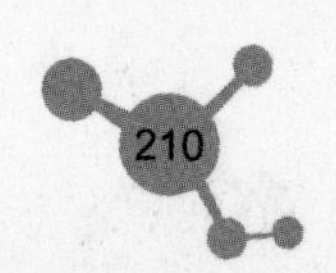

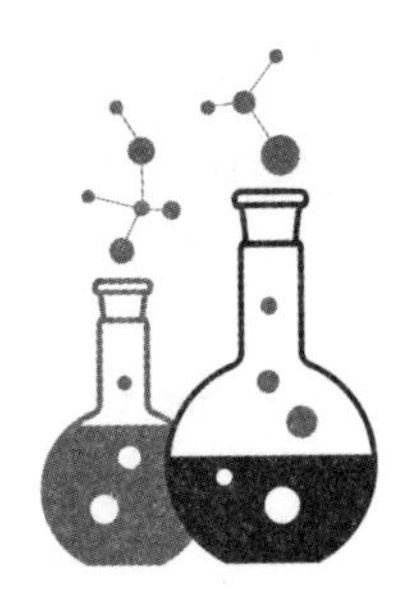

第三十七章

双性人现身——非金属中的氧化性和还原性

今天是非金属奥运会的最后一个比赛日，在这个比赛日里，只有一场最重要的比赛，那就是“双性人”比赛。这场比赛不分冠、亚、季军，只要非金属元素既能展示出氧化性，又能展示出还原性，那么他就将获得氧气国王亲自颁发的奖牌和勋章。比赛的规则一贴出去就赢得了一片赞美之声，因为在这个比赛规则之下，每一个非金属的成员都有可能得到金牌。

比赛的设施准备很简单，金属王国的钾先生自愿当志愿者，因为他有很强的还原性，而不具备氧化性，所以只要能使他的表面变黑，把他氧化，那就算这种元素具有氧化性。为了方便所有选手，氮气主席还另外准备了一些还原剂。

至于还原性呢？组委会准备了许多的氧化剂，只要能被它氧化，那就算是具有还原性。

如果元素通过了这两个步骤，并且在每一个步骤后都发生了变化，那么他就算是一位双性人，即既有氧化性，又有还原性。

现在比赛开始了，首先上场的是主持人氢小姐，她挪着莲步走到了钾先生面前，可是钾先生并没有变化，很遗憾她并不具备氧化性。不过她却与氧化铜反应了，还原出了红色的铜，所以她具备还原性。

接下来上场的是美丽的氦气小姐，她自知自己是惰性气体，很难与别的物质发生反应，所以她在舞台上为观众们献上了一段新编的优美舞蹈，她婆娑的舞姿让观众们眼前一亮，然后大声地为她喝彩。在跳完舞之后，她就走下了台去，她只是想借此机会展示自己一番，并没有想为自己挣一块金牌。

氦小姐下台后，本来应该是惰性气体的其他五位兄弟，但是他们很清楚自己的化学特性，所以并没有上台。

硼先生上场了，他一上场就对志愿者说要求高温辅助。志愿者们只好把熔点比赛的熔炉搬了过来，他们点燃了烈火，在高温下硼先生与金属发生了反应，形成了金属硼化物。然后硼先生又跳出了熔炉，走进了氧化剂过氧化氢中，过了一会儿，观众们发现硼先生正在被慢慢氧化。

“硼先生真是为这块奖牌下了大工夫了。”站在一边观看的氢小姐说道。

“唉，男人们的名利心就是强，不就是一块金牌吗？至于

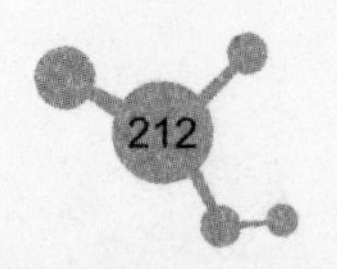

费这么大心力吗？”氦气小姐非常不赞同硼先生的这种做法。

“在硬度比赛和导电性比赛中，硼先生都有出色的表现，但是很可惜山外有山，人外有人，硼先生没能获得冠军。”氢气小姐对这位硬汉产生了怜悯之情。

“现在他终于得到金牌了，其实名次并不能证明什么，重要的是能不能让大家记住。”氦小姐说道，她脑海里还浮现着刚在台上跳舞的情景，她对自己很自信，她觉得自己的舞姿一定会让很多男同胞们过目不忘的。虽然氢气小姐比她身材还要纤细，可是她却不会跳舞，肯定没有自己吸引人。

在她们说话的时候，氧气国王已经把奖牌戴在了硼先生的脖子上，氢小姐在台下奋力地为硼先生鼓掌。

现在出现在赛台上的是碳先生，虽然他们家族出了很多冠军，但是这一块金牌他并没有得到，因为他的化合价没有负价，所以他没有氧化性。

组委会主席氮气先生也上台了，看来他也想在这最后一场比赛里得一块金牌，氮气先生与金属镁小姐发生了燃烧反应，而在高温通电的情况下他又跟氧气发生了反应，所以他也得到了一块奖牌。

所有的观众都知道常温常压下氮气先生非常的稳定，但是没想到在使用辅助的情况下，氮气先生也变成了个活跃分子。

接下来上场的是卤素家族，他们可谓是本次非金属奥运会的明星运动员。他们穿着统一的红色运动服来到了比赛场地向

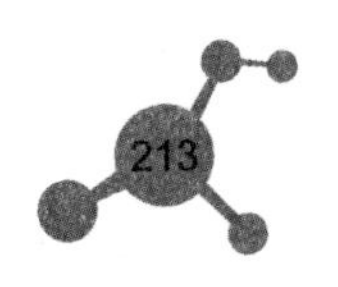

观众们致敬。氟气先生并没有想争夺这块金牌，因为他是氧化性最强的非金属，根本不具有还原性。

而卤素家族的其他兄弟，因为能发生歧化反应，所以既具有氧化性，又具有还原性，氧气国王为他们每个人都颁发了奖牌。

紧随卤素家族之后的是砷先生，砷先生像氮气主席一样选择与镁小姐反应，在点燃的条件下，产生了二砷化三镁。紧接着，砷先生又向氧化剂那边走去，他跟氧气在点燃的辅助下发生了反应。砷先生很荣耀地得到了一块奖牌。

接着，碲先生和硒先生一起走上台来，因为他们的化学性质相似，所以一起结伴来参加比赛。但是硒先生只有正化合价，而没有负化合价，所以不具有氧化性。而碲先生有一个-2价的化合价，所以具备微弱的氧化性。最后碲先生获得了一枚奖牌。

硅小姐上台了，硅小姐是个冰美人，除了氟气、氢氟酸和强酸外，她不与其他物质交往。但是在加热的条件下，她能跟一些非金属反应。最后，她并没有拿走这块奖牌。

而随后的硫先生和磷先生都获得了一枚奖牌，这让硅小姐心里很生气，但是她又不能表现出来，因为她怕被别人看到后说自己小气。

最后上台的是氧气国王，他当然只具有氧化性，不具有还原性了。他上台是为了告诉大家，非金属奥运会就要落幕了，欢迎大家观看最后的非金属奥运会闭幕式表演。

第三十八章

非金属哥哥们，再见！

非金属奥运会就要闭幕了，在闭幕式的表演上，非金属王国的成员们各显其能，为观众们呈现了一台精彩纷呈的晚会。

硅、磷、砷、硒、硫、碲六位运动员演唱了一曲自己创作的歌曲《我爱非金属王国》，他们深情的演唱博得了满堂喝彩。

惰性气体家族表演了一出绚丽多彩的舞蹈《飞天》，他们化身五彩缤纷的气体，把舞台营造得绚丽多姿。

最让众人激动的节目来自卤素家族，他们五个兄弟表演了一出杂技节目，力与美的结合让观众看后激动不已。

卤素家族表演完杂技后，氧气国王和氮气主席唱着歌走了出来，他们演唱的曲目是《朋友啊，明年再会》。

最后氧气国王为本次奥运会做了最后的总结：

尊敬的各位来宾，亲爱的非金属王国的朋友们：

现在我宣布，本届非金属王国奥运会正式闭幕。

数日以来，我们一直享受着非金属奥运会带给我们的激动与欣喜，但是在这个星光璀璨的夜晚，我们要在此向它说再见了。在这段比赛的日子里，非金属王国500多名运动员展现出了不屈不挠、勇攀高峰的强者精神，他们挥洒着汗水，尽力地拼搏着，赢得了比赛，也赢得了友谊，他们是我们心中的英雄。

在这次奥运会中，我们还有许多非常意外的惊喜，比如说我们消灭了一直猖獗的鼠大王，捍卫了非金属王国的领土和主权。另外，我们非金属王国的侍卫碘先生与有机物王国的淀粉公主喜结连理。而我们最敬爱的女神水女士也专门观看了非金属王国的这场盛会，这让我们倍感荣幸。

在这里，我要感谢很多人。首先，要感谢一直在比赛中默默服务的非金属志愿者们，他们跑前跑后，服务得无微不至，让整场比赛顺利地进行下去。其次，我要感谢金属王国、盐类家族、有机物王国的嘉宾们，是你们的支持和友谊让我们非金属王国的奥运会更加多彩多姿。最后，我要特别感谢的是勇于拼搏的运动员们，是你们的汗水，铸就了本届奥运会的辉煌！

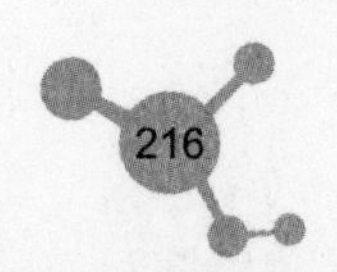

荣耀属于你们！

奥运会，正以它强大的魅力把我们团结在一起，让我们的大自然更具魅力，让我们非金属王国更加繁荣。非金属王国的同胞们，让我们明年再会吧！

附录

化学元素周期表

碱金属	碱土金属	镧系元素	锕系元素
金属	非金属	稀有气体	过渡元素

	ⅠA	ⅡA	ⅢB	ⅣB	ⅤB	ⅥB	ⅦB	[	Ⅷ	]	ⅠB	ⅡB	ⅢA	ⅣA	ⅤA	ⅥA	ⅦA	0
1	1 H 氢 1.0079																	2 He 氦 4.0026
2	3 Li 锂 6.941	4 Be 铍 9.0122											5 B 硼 10.811	6 C 碳 12.011	7 N 氮 14.007	8 O 氧 15.999	9 F 氟 18.998	10 Ne 氖 20.17
3	11 Na 钠 22.9898	12 Mg 镁 24.305											13 Al 铝 26.982	14 Si 硅 28.085	15 P 磷 30.974	16 S 硫 32.06	17 Cl 氯 35.453	18 Ar 氩 39.94
4	19 K 钾 39.098	20 Ca 钙 40.08	21 Sc 钪 44.956	22 Ti 钛 47.9	23 V 钒 50.9415	24 Cr 铬 51.996	25 Mn 锰 54.938	26 Fe 铁 55.84	27 Co 钴 58.9332	28 Ni 镍 58.69	29 Cu 铜 63.54	30 Zn 锌 65.38	31 Ga 镓 69.72	32 Ge 锗 72.59	33 As 砷 74.9216	34 Se 硒 78.9	35 Br 溴 79.904	36 Kr 氪 83.8
5	37 Rb 铷 85.467	39 Sr 锶 87.62	39 Y 钇 88.906	40 Zr 锆 91.22	41 Nb 铌 92.9064	42 Mo 钼 95.94	43 Tc 锝 99	44 Ru 钌 101.07	45 Rh 铑 102.906	46 Pd 钯 106.42	47 Ag 银 107.868	48 Cd 镉 112.41	49 In 铟 114.82	50 Sn 锡 118.6	51 Sb 锑 121.7	52 Te 碲 127.6	53 I 碘 126.905	54 Xe 氙 131.3
6	55 Cs 铯 132.905	56 Ba 钡 137.33	57–71 La–Lu 镧系	72 Hf 铪 178.4	73 Ta 钽 180.947	74 W 钨 183.8	75 Re 铼 186.207	76 Os 锇 190.2	77 Ir 铱 192.2	78 Pt 铂 195.08	79 Au 金 196.967	80 Hg 汞 200.5	81 Tl 铊 204.3	82 Pb 铅 207.2	83 Bi 铋 208.98	84 Po 钋 (209)	85 At 砹 (210)	86 Rn 氡 (222)
7	87 Fr 钫 (223)	88 Ra 镭 226.03	89–103 Ac–Lr 锕系	104 Rf 𬬻 (261)	105 Db 𬭊 (262)	106 Sg 𬭳 (266)	107 Bh 𬭛 (264)	108 Hs 𬭶 (269)	109 Mt 鿏 (268)	110 Ds 鐽 (271)	111 Rg 錀 (272)	112 Uub (285)	113 Uut (284)	114 Uuq (289)	115 Uup (288)	116 Uuh (292)	117 Uus	118 Uuo